農をつなぐ仕事

普及指導員とコミュニティへの社会心理学的アプローチ

Uchida Yukiko *Takemura Kosuke*
内田由紀子　竹村 幸祐

創森社

農と心理学の出会い 〜刊行に寄せて〜

　本書は、二人の若い心理学者が、「農業者をつなぐ」という普及指導の仕事に関心をもち、多くの普及指導員の方々の協力のもとで大規模な調査を行い、心理学の視点から「普及指導員と農業者とのきずな」について考え、執筆した本である。

　心理学の視点と方法を用いて普及指導の仕事を検証し、調査結果を分析し考察した著作は、おそらく本書が初めてではないだろうか。目を通すと、客観的な記述の陰に、二人の著者の、農と普及指導に対する熱い思いが伝わってくる。

　本書が生まれるきっかけを作ってくださったのは、近畿農政局の普及係長（当時）の福田尚子さんである。2008年6月、「協同農業普及事業60周年記念シンポジウム」の講演依頼のために、わたしの研究室をたずねて来られた。福田さんは、前年に開催されたこころの未来研究センターの設立シンポジウムを聞きに来られていて、センターが「つなぐ」というキーワードを大事にしていると知り、「これは、普及指導の仕事と一緒だ！」とひらめいたと言う。お恥ずかしい話だが、わたしはそのときまで普及指導員が何をする人なのか、知らなかった。

　「普及の仕事は、昔から黒子に徹することが大切だと言われていて、表からは見えにくい。だから、普及指導員の人たちは、自分の仕事が農業者の人たちに本当に役だっているのだろうか、と悩むことも多い」。「農家の人たちの暮らしをよくしたい、農家を応援したい、という熱い心をもった普及指導員の人たちに、心理学という外部の目からみた普及指導員への期待や、人のこころを動かすことのむずかしさと大切さをぜひお話してほしい」。

　こんなふうに説得されて断れる人はいないだろう。わたしは、文化心理学が専門の内田由紀子さんにも声をかけ、一緒にシンポジウムに参加した。内田さんも、当時は普及指導員のことは初耳、農業についても素

農と心理学の出会い～刊行に寄せて～

人である。しかし、わたしと同様、福田さんの熱のこもった話に惹き込まれ、センターで研究プロジェクトを立ち上げて、普及指導の研究を本格的に始めることになった。普及指導員（当時）の上田栄一さんが担当された「レンタカウ」の現場に、福田さんたちと見学に行き、上田さんから「普及指導についての普及指導」をしていただいたことは、今も楽しい思い出である。

その後、センターの研究員だった竹村幸祐さんがプロジェクトに加わり、それからは内田さんと竹村さんが二人三脚で調査の企画と調整、実施と分析を行い、幸い、多くの方々の協力のもとで本書の出版が実現することとなった。2009年の近畿地区の調査に続いて2010年、全国規模の調査を経て本書ができあがるまでの長い道のりで、二人が普及指導員の方々から学び、考えたことは、あとがきで熱く語られているので、本文を読んだ後に（読む前でもいいが）ぜひ目を通していただければと思う。

人と人の出会いの多くは偶然だけれど、その偶然から新しい何かが生まれて形になるには、偶然ではない二つの要素が必要である。それを誰かに伝えたい、という強い願いをもつこと、そして、成果が実るまでその熱意をもち続けることである。偶然の出会いから始まって、若い心理学者がそれまで取り組んだことのない新しい研究プロジェクトを開始し、その成果を著作として出版するところまで歩を進めることができたのは、農を支える人たちに役立ててもらえる成果を生み出そうという熱意が、著者たちの中に共有されていたからだと思う。研究の進行を支え導いてくださった多くの方々に、本書の誕生を喜んでいただければ、二人の奮闘を身近に知る者として、これに勝る喜びはない。

本書が、農と心理学をつなぐ書として、多くの方々に親しく目を通していただけることを願っている。

2012年10月
　　　京都大学こころの未来研究センター　センター長　吉川左紀子

農をつなぐ仕事～普及指導員とコミュニティへの社会心理学的アプローチ～◎もくじ

農と心理学の出会い～刊行に寄せて～──吉川左紀子　2

第1章　コミュニティでの「つながる」力、「つなぐ」力　9

はじめに　10
日本社会とつながり　10
つながりがもたらす効果　17
社会関係資本　20
つながりをつくるということ　22

◆コラム①　農業改良普及員というお仕事：ワッツ、ユア、ジョブ？
　　　　　　　　　　　　　　　　　　　　　──山口英夫　25

第2章　農村コミュニティに欠かせない「つながり」　27

みんなで助け合って築く「公共財」　28
農業が育てる「つながり」　32
　農村コミュニティで大事な「つながり」　32
　農業と信頼　34
　農業と同調行動　35
　みちくさ心理学・その1　「同調」の心理学実験──　36
　農業と「周囲に目を配る」クセ　38
　みちくさ心理学・その2　「周囲」に目を配る日本人──　40
「つながり」が農村にもたらすもの　43
　つながりで害獣を追い払え！　43
　コミュニティの信頼関係　44

つながりはどうやって維持される？　46

　◆コラム②　農家対応はいつも真剣勝負────上田栄一　48

第3章　普及事業とは〜スペシャリスト機能とコーディネート機能〜　51

つながりコーディネーター　52
普及指導員ってどんな人？　55
　　普及活動の歴史的変遷　55
　　スペシャリスト機能とコーディネート機能　58
普及指導員の「つなぐ」仕事　59
　　集落営農　59
　　農業者の知恵をつなぐ：アフガンでの活動事例　61
　　レンタカウ　62
「つながり」を育てるワザと知恵　64

◆コラム③　すべては信頼の醸成から始まる────滝沢　章　67
◆コラム④　普及指導員とは？　地域農業の変革を支える人たち
　　　　　　　　　　　　　　　　　　　　　　　────大石　晃　69

第4章　社会心理学調査から見る「つなぐ」仕事の実像　71

調査の目的　72
調査の概要　77
「つなぐ」普及活動の効果は？　80
どのような普及指導員が「つながり」をもたらすのか？　87
住民同士の信頼関係は、本当にコミュニティの生活を向上させる？　95
普及指導員にとってのロールモデルは？　99
普及指導員自身の喜びとは？　102
調査結果のまとめ：何がわかったのか　106

◆コラム⑤ 「技術の情報交換」から「信頼(心)の交換」へ──小宅 要　109
◆コラム⑥ 通帳をのぞき、松の枝振りを見た日──森本秀樹　111

第5章 「つなぐ」仕事のワザとコミュニケーション能力　115

つなぐ仕事の意義　116
つなぐ仕事のワザ　118
　尊敬される普及員に学べ　118
　暗黙知の見える化　119
　ワザの伝承とOJT　121
ワザについての社会心理学的検証　122
　ステレオタイプの克服：若き普及員の悩み　122
　みちくさ心理学・その3　予言の自己成就　124
　「専門スキル」の重要性　127
　情熱と他者志向性　128
　連携活動　129
　つながりの連鎖　130
「普及」概念の応用可能性　131

◆コラム⑦ 普及の温かさに育まれて──高橋 修　133
◆コラム⑧ 人と人をつなぐ仕事──山内俊子　135

第6章 「つなぎ」力アップへの社会心理学的アプローチ　137

つなぐワザの心理学：対人相互作用　138
　相手は何を思う？　共感と思いやり　138
　自分を知ってもらうこと、相手を知ること　139
　聞くことの価値　142
　同調と模倣の効果　143
　見れば見るほど好きになる　143

説得のコミュニケーション　144
　　　　みちくさ心理学・その4　単純接触効果───145
つなぐワザの心理学：やる気を促進する見守り手　148
　　　意思決定の見守り手　148
　　　やる気になってもらう　150
つなぐワザの心理学：集団づくり　152
　　　信頼のネットワーク形成　152
　　　リーダーシップ　153
　　　共同体意識　154
普及指導員と農家：少し立場の違う仲間として　156
　　　コミットメント：地域に感じる仲間意識　156
　　　立場の違う仲間　158
農をつなぐことの価値と可能性　159

◆**コラム⑨**「少し離れたところにいる信頼される他人」を目指して
　　　　　　　　　　　　　　　　　　　───布施雅洋　162
◆**コラム⑩** 普及という仕事への思い───福田尚子　164

あとがき── 166

著者・執筆者プロフィール　8
付録　170
参考・引用文献一覧　172
さくいん（五十音順）　179

　　　　　　　　　　　　　デザイン ─── 寺田有恒
　　　　　　　　　　　　　　　　　　　　ビレッジ・ハウス
　　　　　　　　イラストレーション ─── 河田芹菜（表紙）
　　　　　　　　　　　　　　　　　　　　内田一成（本文）
　　　　　　　　　カバー写真提供 ─── 森本秀樹
　　　　　　　　　　　　　　　　　　　　布施雅洋
　　　　　　　　　　　　　校正 ─── 吉田 仁

◆著者・執筆者プロフィール

掲載順。＊は著者。所属、役職は2012年10月現在

吉川左紀子（よしかわ　さきこ）
　1954年、北海道生まれ。京都大学こころの未来研究センター　セクター長
内田由紀子（うちだ　ゆきこ）＊
　1975年、兵庫県生まれ。京都大学こころの未来研究センター准教授
　責任執筆章＝第1、5、6章
山口英夫（やまぐち　ひでお）
　1951年、大阪府生まれ。大阪府中部農と緑の総合事務所農の普及課　主任専門員
竹村幸祐（たけむら　こうすけ）＊
　1979年、京都府生まれ。京都大学経営管理大学院助教
　責任執筆章＝第2、3、4章
上田栄一（うえだ　えいいち）
　1951年、滋賀県生まれ。サンファーム法養寺代表　元・滋賀県普及指導員
滝沢　章（たきざわ　あきら）
　1944年、長野県生まれ。全国農業改良普及職員協議会顧問
大石　晃（おおいし　ひかる）
　1970年、愛媛県生まれ。農林水産省農林水産技術会議事務局総務課調整室　課長補佐（2012年9月15日まで農林水産省生産局農産部技術普及課課長補佐）
小宅　要（おやけ　かなめ）
　1961年、岐阜県生まれ。京都府農林水産部研究普及ブランド課　副課長
森本秀樹（もりもと　ひでき）
　1957年、兵庫県生まれ。兵庫県東播磨県民局加古川農業改良普及センター　主幹兼地域課長
高橋　修（たかはし　おさむ）
　1930年、京都府生まれ。元・京都府農業改良普及員
山内俊子（やまうち　としこ）
　1955年、京都府生まれ。医療法人社団　千春会　元・京都府京都乙訓農業改良普及センター所長
布施雅洋（ふせ　まさひろ）
　1963年、滋賀県生まれ。滋賀県湖北農業農村振興事務所農産普及課　普及指導員
福田尚子（ふくだ　なおこ）
　1965年、京都府生まれ。中国四国農政局生産部生産技術環境課　課長補佐

第1章

コミュニティでの「つながる」力、「つなぐ」力

はじめに

　日本は「つながり」を大事にする社会である。縁を育て、情を交わす。血縁や地縁のみならず、より広いつきあいにおいても「ご縁があって」と感じることがある。こうしたつながりがなぜ重要視されてきたのか。そのひとつの要因として、相互協力を行って農を営んできたことが挙げられるだろう。しかし、原点とされる農業コミュニティにおけるつながりが、実際どのようにして形成・維持されているのか、そのメカニズムについては明らかではない。

　近年、心理学を含む社会科学の研究分野において、「つながり」は社会関係資本（ソーシャル・キャピタル）と捉えられ、その機能に注目が集まっている。ではどうしたら社会関係資本を醸成できるのか？　これは大きな問いのひとつであった。

　そんなとき、農業社会で「つなぐ」仕事をしている「普及指導員」という仕事があると聞いた。ならばその中身に迫って、つなぐ仕事のワザを検討してみたい。本書は社会心理学の視点から普及を研究し、農業社会における「つながり」形成の鍵を見つけようとする試みである。以下第1章で日本におけるつながりの特徴を、第2章で社会関係資本について述べた後に、第3章以降で農をつなぐ仕事である普及指導について述べていきたい。

日本社会とつながり

　私たちは、様々な場面で人との「つながり」を感じることがある。人と話していて、共通の知り合いがいたことがわかったとき。仕事を進めるために、誰かの力を借りるとき。あるいは、冠婚葬祭で親戚が集まったとき。そうした「つながり」は時に私たちを助け、時に私たちを縛る。頼もしいこともあれば、困ることもある。それはいったいなぜだろ

う？

　身のまわりにある「つながり」を考えていただきたい。それは名付けるなら「何の」つながりだろうか。また、何年ぐらいつながっているのだろう。何人ぐらいの人がそのつながりに含まれているだろうか。つながりは自分で積極的につくったものだろうか。

　つながりの性質について調べるための手法に「**ソシオグラム**」調査がある（内田・ダフィー・北山, 2007）。ためしにご自身でやってみていただきたい。やり方は簡単。紙を1枚用意し、どこかにあなたを表す楕円を描き、「自分」と書き込む。それから、周りに自分とつながりのある人を表す楕円を描き、その人の名前を書く。自分とつながりのある人の楕円の間に線を引いて結ぶ。書き込んだAさんとBさんもつながっているなら、二人の間にも線を引いていただきたい。さて、でき上がった図はどのようなものだろうか？

　まずはつきあいが多いか少ないかに注目してほしい。次にグループ。いくつかの集団と呼べるまとまりが描かれただろうか？（たとえば同じ職場のメンバーが何人か描かれ、それぞれの人同士がつながっているというように）。それから多様性。どれだけ多様な人が含まれているか、それとも同じ地域や同じ職場の仲間ばかりが含まれているか。また、つきあっていて心地の良い人ばかりが含まれたか、そうではないか。最後に、位置。自分が「関係性の輪」の真ん中に描かれているか、そうでないか。

　あなたが描くソシオグラムには、あなた自身がもっている性格、経験、環境などの特徴が反映されている。そしてそれだけではなく、実はあなたが生きている社会の特徴も表れている。「社会」あるいは「文化」による影響は、日頃意識されることは少ないが、ほかの社会あるいは文化と比較することによって、その中身が明確になることがある。つまり、私たちが知りたい日本社会の「つながり」の特徴は、日本と他の社会を比較することにより見えてくるのである。

　ソシオグラムを文化比較してみると、様々な文化による違いがあるこ

とがわかる。総じて言えば、日本においては(1)つきあいの数はそれほどは多くない、(2)グループ（まとまり）がいくつか同定できる、(3)多様性は少ない、(4)必ずしもつきあっていて心地良い人たちばかりではない、(5)自分は特に中心でもなければ大きくもない。これが日本的なソシオグラムの特徴——つまり、私たちの「社会関係のつながりの認識の仕方」である。

　図1－1は、実際に描いてもらったソシオグラムを図式化したものである。上図では多くの人が描かれている。真ん中に自分が大きく位置し、自分を取り囲む人間関係が意識されている。それに対して下図の方は、それほど多くの人とはつながっていないが、描かれた人全体がお互いにつながっていて、ひとつのグループを形成している。

　図1－1の上図は実はアメリカでよく見られるソシオグラムである。描いた人に詳しく尋ねてみると、この中で描かれているのは「グループを基盤としたつながり」ではなく、自分で積極的に開拓した「多様なつながり」であった。大学の友達、アルバイト先の知人、Facebookで知り合った人、パーティーで知り合った人。こうした人たちに取り囲まれて自分が存在しているイメージである。

　図1－1の下図は日本で見られるソシオグラムの典型例である。そしてこれも描いた人に尋ねてみると、同じ大学のサークルの人が多く描かれていることがわかった。つまりこの中に表れているのは、どこかに所属している自分、である。同じ興味関心をもった人が集まる研究会に顔を出すなど、日本ではどうやら「どこかに所属する」ことで人とつながりあうことが多いようだ。そして、取り巻く人たちの中心に自分が位置しているわけでは必ずしもない。このように、**文化心理学**と呼ばれる学問分野の研究からは、日本とアメリカでつながりの作り方が異なっていることが明らかになってきた（内田・ダフィー・北山, 2007）。

　アメリカの人間関係の作り方は、個人の主体性に委ねられている。**社会関係の流動性**が高い社会であるとされているアメリカでは、引っ越しなどの物理的な移動が多く（Oishi et al., 2007）、つきあう相手の変化

第1章 コミニュティでの「つながる」力、「つなぐ」力

図1-1 アメリカと日本のソシオグラム

アメリカのソシオグラム

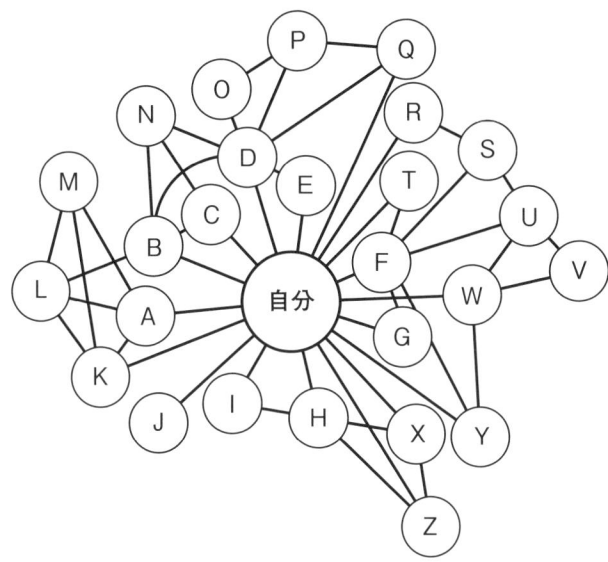

日本のソシオグラム

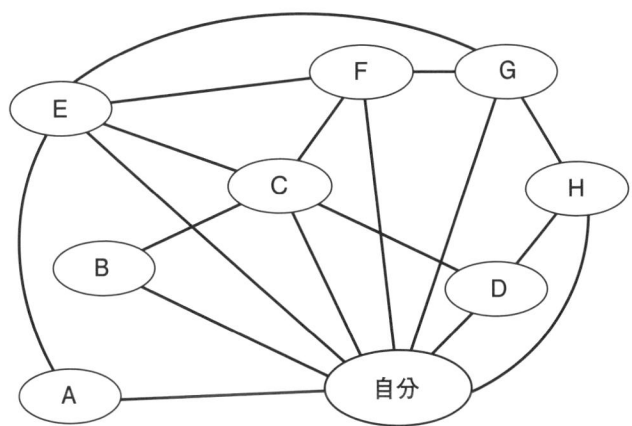

（Yuki et al., 2007）が大きい。そして、あたかも自由市場のように、競争の激しい「マーケット」のような状態が人間関係をめぐって展開されている（Falk, Heine, Yuki, & Takemura, 2009; Yuki & Schug, 2012）。「人間関係のマーケット」の中では、自分を積極的に売り込み、相手から信頼を得て、関係性の絆を自発的に結ばなければならない。放っておいても相手から選んでもらえるというようなことはなかなかないのだ。

こうした関係性のマーケットをかいくぐり相手を見つけるために、アメリカでは自分の自尊心が重視される（Falk et al., 2009）。「売り」になるような良いところを見つけ、自信をもってアピールする。「つまらないものですが……」では通用しない（ちなみに「こんな私でよければ……」は日本では頻出する。かつて筆者がデート相手選びのためのウェブサイトでの自己紹介文章を比較しようとしたときには、圧倒的に日本でこの種の記述が見られることがわかった）。自分から相手に積極的に自己開示し（Schug et al., 2010）、働きかけ、誘う。つまり、つながりは個人が「つながりたい」とする意欲によって自発的に形成され、また、つながりの範囲は非常に広く、多岐にわたる。そのかわり、たとえば離婚率の高さにも象徴されるように、流動性の高さゆえつきあいの長さの平均値は短い。

ひるがえって日本のつながりはどうだろう。こちらは一言で言えば「グループベース」である。社会関係の流動性が低く、引っ越しなどの物理的な移動やつきあう相手の変化も小さい日本社会においては、「人間関係のマーケット」の中に入って選び選ばれるのではなく「（多くは既存の）つながりを維持・強化する」ことに主眼がある。そのためには相手やグループの性質をよく理解する必要がある。ギブアンドテイクもきちんとバランスよく保たねばならない。

所与の人間関係をうまく保つために、日本では**他者志向性**あるいは**関係志向性**が重視される。「空気を読む」ことが求められたり、調和を乱さないようにしたりする。自己主張ばかりするのではなく相手の話をよく聞かなければならない。相手の気持ちを知り、自分に何が求められて

第1章 コミニュティでの「つながる」力、「つなぐ」力

いるのかを理解する。グループ内の他者同士の関係にも目を配らなければいけない（Takemura, Yuki, & Ohtsubo, 2010）。

このような日本的な他者あるいは関係志向的な自己のあり方は、文化心理学者の**ヘーゼル・マーカス**と**北山忍**により、「**相互協調的自己観**」と呼ばれている（Markus & Kitayama, 1991）。日本文化で優勢とされる相互協調的自己観（図1−2下図）においては、(1)自己を動かす力は個人の「内部」だけではなく、周りにも存在すると考えられ、(2)自己の内部にある特性や意図・態度（図の中の「X」で示されているもの）は、状況や他者から影響を受けてでき上がっていくものとして捉えられる。さらには、(3)他者を理解する際にも、その人が置かれた状況とセットにして認識する傾向がある。相互協調的な人間観をもっているとすれば、自己の内的属性などは状況要因によって変化しうるものと考えられる。つまり、「学校にいるときの私と、家にいるときの私は、少し違っている」「周りの状況が私を動かした」という感覚が多く見られることになる。これに対して北米の文化においては「**相互独立的自己観**」が優勢であるとされており（図1−2上図）、1)自己を動かす力は個人の「内部」にあると考えられ、2)自己の内部にある特性や意図・態度は、状況や他者からはあまり影響を受けないものとして捉えられる。そして、3)他者を理解する際にも、その人の置かれた状況などからは切り離して認識する傾向があるとされる。つまり、相互独立自己観による人間観をもっているとすれば、「どんな状況にいても、私は私」「○○さんがやりたいと思ったから、それをやったのだろう」と考えられがちになる（北山, 1998）。

さらにいえば、相互協調的自己観をベースにした日本でのつながりは個々人の自発性によって形成されるというより、「つながるべき人間関係とつながっている」ことがよくある。職場の人間関係、親戚（血縁）、そして地域のつながり（地縁）である。地域のつながりは、その土地に生まれたこと、あるいは何らかの事情で移り住んできたことにより形成される。すると、ほぼ大方の場合は「自分が選んだのではない相手」と

15

図1−2　相互独立的自己観のモデル（上）と相互協調的自己観のモデル（下）

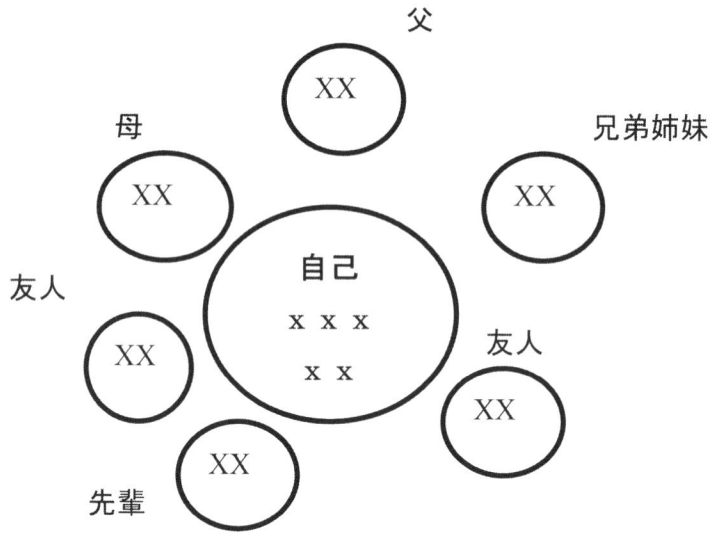

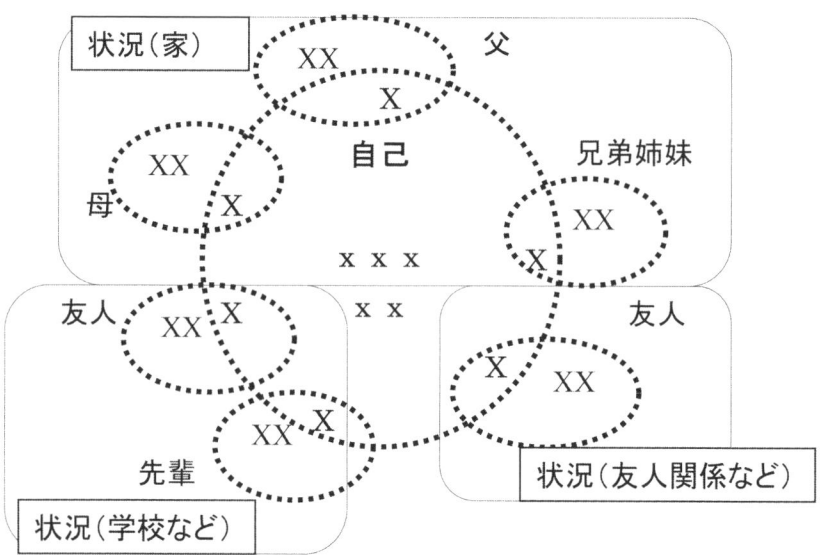

Markus & Kitayama, 1991を一部改変［内田、2006より転載］

同じ地域に住んでいるがゆえにつながらないといけない。要するに「望んで」ではなく、「縁あって」つながりをもった相手なのだ（内田・遠藤・柴内, 2012）。

つまり日本的なつながりは、「この人とつながりたい」と思う意欲とあまり関連せず、むしろそれが「必要なこと」あるいは「あたりまえのこと」として生じる。また、つながりの範囲は狭く、限定される。そのかわり、流動性の低さゆえ、つきあいは長くなる。

こうした特徴により、日本的なつながりは時に私たちを困らせる。地縁、血縁などの「縁」はともすれば「しがらみ」となる。また、私たちの個人の自由な意思に基づく行動を奪い、制限することがある。しかしそうした「縁」は昨今「絆」として見直されようとしている。絆は運命論的な「縁」よりももう少し積極的なつながりへの意欲を示す言葉であろう。災害や危機意識を通して、つながりがそもそも持つ機能の必要性が認識されるようになっている。

つながりがもたらす効果

人とつながっていることは私たちに様々なメリットをもたらす。逆に言えば、人とつながることで環境に適応して生存を有利にし、生き残ってきたのが現在の人類といえる。人間はまさに「社会的動物」（Aronson, 1992）なのである。

つながりの機能について大別するならば、(1)生存に関わる機能、(2)心理的充足に関わる機能が挙げられる。**バウマイスター**らのグループは、人間には基本的な「**所属欲求**」（Baumeister & Leary, 1995）があるとしている。狩猟採集時代から、人類は群れをつくって動いていた。そうすることによって実際に地球環境下での生存が有利になったのだろうと考えられる。たとえばより大きな獲物と戦わなければいけないとき、一人では難しい。良い狩り場を見つけるのにしたって、一人では簡単ではない。その点、集団で協力することは、食物確保の確率が上がり、人々

仲間に入りたいのは人の基本的欲求

に安心感をもたらす。その一方で集団に所属しないこと、孤立すること、社会的排斥はそれ自体が不安と脅威をもたらす（カシオッポ＆パトリック, 2010）。

　また、集団が大きくなり発展していくと、より複雑な社会関係ができていく。霊長類学者の**ダンバー**（Dunbar, 1996）は、集団（群れ）のサイズが大きくなるにつれて社会関係が複雑化し、それに伴い脳（大脳新皮質）のサイズが大きくなっていったという「**社会脳仮説**」を提唱している。脳はエネルギー消費の激しい器官で、必要もなく大きくなることは考えにくい。他の器官よりも「エネルギーを使う」大脳新皮質のサイズが集団（群れ）のサイズと相関していることは、集団サイズの増加に伴う複雑な社会関係に適切に対処することがそれだけ重要であることを示唆している。

　人間は他の動物と違って、単純な二者関係や血縁関係の中での協行動

だけでなく、大規模な集団の中で自己犠牲的な利他行動を示すことが知られている。こうした自己犠牲的な利他行動の背後には「**間接互恵性**」（Alexander, 1987）が存在すると指摘されている。間接互恵性とは、単純に言えば、「誰かを助けると回りまわっていつか誰かが自分を助けてくれる」というメカニズムである。しかしこれは容易には成立しない。たとえば、目の前の人物（あなたが助けようかどうしようかと迷っている相手）が、他の人々に対して協力的に行動する人物か、あるいは自己利益だけを追求するような人物かを適切に見極めなければならない。

　これができなければ、あなたに助けられた人が他の誰かを助けるという連鎖が生まれることはなく、あなたは結果として「助け損」になる。こうしたときに必要になってくるのが、目の前の人物が過去に他の人々に対してどう振る舞ってきたかという情報である（Nowak & Sigmund, 1998）。

　こうした情報を処理するのは、当然、容易ではない（ただ、我々人間は、現実社会の中でそれを実際に行っているので、それほど困難だとは感じない人が多いだろう）。また、「相手が信頼に足る人かどうか」についての情報は、評判・うわさなどを通じてやってくる（Dunbar, 1998）。すなわち、言語が必要となる。言語を扱うには、当然、それなりの心の仕組みが必要とされる。これらはほんの一例であるが、現代社会の中で人々がもつ心の動きは、何らかの意味での「つながり」に対する働きかけになっている。

　つながりがもたらすより直接的な効果として頻繁に取り上げられるのは「**ソーシャル・サポート**」である。ソーシャル・サポートとは社会関係の中でやりとりされる援助であり、お金の貸し借りなどの物理的（道具的）支援、大事な情報を伝達するなどの情報的支援、落ち込んでいるときに励ましたり、良いことがあったときに一緒に喜んだりするなどの情緒的支援などがある。これらの援助は、社会的つながりの中で交換され、私たちの幸福感や実際の生存にも大きく関わっている。たとえばストレスが感じられるような大変な状況（切羽詰まった仕事がある、家庭

の問題に悩んでいる、健康問題を抱えている）にあるときに、誰かに相談できる、あるいは実質的に力になってもらうことができれば、ストレスは軽減される（Cohen & Wills, 1985; Uchino et al., 2006）。

　サポートが得られることは、ストレスを減じるだけではなく幸福を増加させることも知られている。そしてその効果は特に関係志向社会である日本文化でより強く見られ、身近な他者から情緒的なサポートをもらっていると思っている人ほど、幸福感が高いのである（Uchida et al., 2008）。

社会関係資本

　ここまで見てきたように、「つながり」は個人に様々な影響を及ぼす。しかしつながりは、集団全体の活動レベルを上昇させる、より公的なもの（共有されたもの）としても捉えることができる。「つながり」がより密接で強い集団（これを**凝集性**が高い集団という）は、そうではない集団よりも全体として利益を得やすいという知見は、漁業集団における検討事例にも表れている（Carpenter & Seki, 2011; Gutiérrez, Hilborn, & Defeo, 2011）。

　集団レベルでのつながりについて、集団凝集性や集団規範、あるいはメンバー間の信頼関係なども含め、社会あるいは地域における有用で公的な「資本」として位置づけている議論が「**社会関係資本**」（**ソーシャル・キャピタル**）に関する最近の研究動向である。第一人者である**ロバート・パットナム**（2000/2006）は『孤独なボウリング』の中で「信頼、互酬性の規範、ネットワーク」を中心に分析を進め、これらの「社会関係資本」が豊かであれば、人々の協力行動が上昇し、様々な事業がスムーズに進むとしている。

　結果として社会関係資本は住人の健康（Subramanian, Kawachi, & Kennedy, 2001）や安全と関連する（年齢や性別、所得などの効果を統計的に統制したあとにも社会関係資本の効果が得られる）。また、アメ

第1章　コミュニティでの「つながる」力、「つなぐ」力

結合型と橋渡し型

リカの39州を対象として行われた調査によれば、社会関係資本が高い州では死亡率が低いことも知られている（Kawachi, Kennedy, Lochner, & Prothrow-Stith, 1997）。

　社会関係資本は、1990年代後半以降、様々な分野で注目を集めている。国内でいえば特に地域研究あるいは政府や地方自治体による地域政策に応用されている。特に過疎化の進む農村地域において、資源の管理・維持を円滑に行い、地域全体の状況をよくするために、ハード面だけではなく地域住民の互いの信頼関係やつながりを強化し、地域への**自発的関わり（コミットメント）**の形成に焦点をあてた対策がとられている。

　たとえば農林水産省による「農村におけるソーシャル・キャピタル研究会」（平成18年度発足）は農村地域の社会関係資本対策を論じている。内閣府調査（2003）により指数化されたデータを見ると、都市での社会

関係資本指数は低く、地方部では高い。このことから、社会関係の流動性が低く、顔見知りが多い地方部や農村部においては人々が互いに抱いている信頼感や互いに助け合おうとする規範意識は強く、それゆえにこれが「資本」として機能しうる可能性があり、結果として集落の活性化につながるとされる（劉, 2003; 劉・千賀, 2004）。

また、社会関係資本には集団内部をつなぐ結合型（Bonding）と、集団間をつなぐ橋渡し型（Bridging）が存在し、それぞれもたらす効果には違いがあることも知られているが、農村地域においてはより「結合型」に寄っており、それゆえに「閉じた関係」になってしまいやすいという議論もある。しかし一方でそれは開放的なつながりを阻害するものではなく、地域の結びつきを強化しつつ、外とのつながりを模索する可能性もある（福島ら, 2012）。

つながりをつくるということ

社会関係資本のもたらす効果の研究が進む一方で、それがどのようにしてでき上がり、維持されていくのか、そのプロセスの検討はあまり十分ではない。成員のもつ志向性との関連や、地域の特性（サイズや生業など）が論じられることはあるものの、うまく社会関係資本を上昇させる「ワザ」とも呼べる人の働き、それを支える制度や仕組みについてはあまり検討されてこなかった。

たとえば医療や教育の現場において、ネットワーク形成をするような仕組みが有効であり、「コーディネーター」の役割が求められつつあるとされているが、それはまさに「つなぎをつくる仕事」である。

筆者らの研究の主眼は「つなぎ」を促進する仕事の内容、それを支える制度、そしてその仕事に携わる人たちの心理特性を知ることにある。そして特に、日本社会の中での「つながり」の特徴を捉えたいと考えている。日本は冒頭に述べたように関係志向性が強く元来「つながり志向的」であり、つながりから得られるソーシャル・サポートが精神健康に

第1章 コミュニティでの「つながる」力、「つなぐ」力

もたらす効果が強い。それゆえに「つなぎ」に関わる制度的支援の中で積み重ねられてきた知識体系がより具体的であると考えられるからである。

日本の「つながり」を検討する上で最もその特徴をよく表していると考えられる集団は、地域社会であり、農村コミュニティである。都市

近畿ブロック普及事業60周年記念シンポジウム（写真提供：近畿農政局）

部に比べて流動性が低く、つながりを自発的に選択できる可能性が低い。そして、地縁・血縁に基づく長期のつながりがあり、都市部の職場のつながりよりも密接であるなどの特性を持っている場所である。

こうした場所で「つなぐ」役割を担っている人たちは誰だろう。市町村の役所の人、地域のリーダー、農業関連機関の職員、あるいはNGOやNPOの人々などが挙げられるが、制度という点に着目し、行政機関として明確に「コーディネート機能」を掲げて農村コミュニティで活動する「普及指導員」に筆者らは着目することにした。

第3章でより詳細に説明するが、普及指導員は各都道府県の職員であり、農業技術の振興や地域振興に携わっている。地域の農業支援のためには社会関係資本を豊かにすることがおそらく必要となっており、普及指導員の中には**暗黙知**として（当人たちが意識しているかどうかはわからないまでも）「社会関係資本に働きかける」業務のあり方や、新人への研修、伝達の仕方、知恵、知識を積み重ねていると考えられる（星野, 2008）。

たとえば藤田（1995）は普及活動の具体的事例（むらづくり）に言及した後、その活動の要点として「問題意識をもった人たちをつないでいくこと」「いろいろの課題に取り組むグループを横につなぎ、相互の連携活動を促し、むらの農業や生活を発展させていく連携システムを創っていくこと」などを挙げている（藤田康樹『21世紀への普及活動』p.93,

傍点筆者)。

　しかし「つなぐ」仕事は外からはなかなか見えにくいという側面がある。縁の下の力持ちになりやすく、またそのワザは「暗黙知」となりやすい(第5章参照)。筆者が2008年10月に「近畿ブロック協同農業普及事業60周年記念シンポジウム」に出席した際には、会場から「普及の仕事は客観的数値に表れないことが多い」という意見、そしてそれに続いて「心理学の手法で普及が行っている『つなぐ』仕事の役割を具体的にデータで示すことは可能だろうか」という問いを受けた。

　つなぐ仕事は、経済的な指標や、農業生産のような、誰にでもわかりやすい「客観的な」指標だけでは表しきれない。人間関係に関わるベースになるものをつくる作業は、外に見えにくいのである。こういった「目に見えないけれど、確かに存在する、大切な現象」は実は心理学が扱うべき大切な問題である。結果として、会場の普及指導員からのこの問いは、筆者らが今回の調査に着手するきっかけにつながった。

　「つなぎ」をつくるのがうまい人(いわゆるつなぎのベテラン)もいれば、あまり得意でない人もいるだろう。まずは「つなぎ」が求められる仕事において、どのような能力が必要とされ、どういった行動をとった場合にうまく「つながり」ができあがり、よい効果をもたらすのかについて、調査を実施してみることにした。そして「つなぐ仕事」という、一見数値化しにくい、目に見えない仕事を、心理学の手法で少しずつ明らかにしていくことを試みた。

　第2章ではより具体的に社会関係資本と農業との関連を概観し、第3章で普及指導員の仕事について紹介する。そして第4章以降で我々が行った調査研究を紹介し「農をつなぐ仕事」の本質に迫っていくこととする。

第1章　コミニュティでの「つながる」力、「つなぐ」力

コラム❶
農業改良普及員というお仕事：ワッツ、ユア、ジョブ？

大阪府中部農と緑の総合事務所農の普及課　主任専門員　**山口英夫**

　私は35年前、非農家でしたが農業改良普及員（当時。以下「普及員」）として大阪府に採用されました。自分自身は、大学の専門を少しでも活かしたいと、勇んで現場に出かけていきましたが、ほとんどの普及員が経験しているように、現場対応の不安を専門知識で補えるかのような錯覚に陥り、手痛い失敗を何度も繰り返しました。

　そのうち、多くの素晴らしい、技術や人格を持った農業者と接するうちに、農業という世界の中に自分の存在を見出したような気がしてきました。普及員になってから10年以上の歳月が流れていました。

　農業とは、作物があり、土地があり、農業者があり、農業者が住む社会があり、自然の恵みがあり、生産、流通に関わる人があり、農作物を食べる人があり、これらの要素が密接に関係する誠に広大な世界です。普及員とは、その世界の一員にすぎません。当初は、なんとおごり高ぶった感覚を持っていたのかと恥じ入るばかりです。

　私は、普及員として農業世界の一員であるとともに、大阪府の職員でもあります。また、地元では、自治会の役員として町内会を走り回ったりもしていますが、よく、同僚、隣人から「仕事は何をしてはりますんや」と聞かれます。「農業改良普及員ですわ」と答えると「農業？」、「フッキュウイン？」「なんでんねんそれ？　大阪に農業なんかありまんのか？」と返ってきます。新興住宅の隣人からこのような反応はしかたがないとしても、同じ大阪府職員からも同じような反応があることはゆゆしきことです。

　外国人からも頻繁に「ワッツ、ユア、ジョブ？」と聞かれますが、「アグリカルチュアルエクステンションワーカー」や「アグリカルチュアルエージェンシー」（訳が適当かどうか怪しいものです）と答えると、即「オー、イエイ」と返してくれます。農業世界の職種に対する理解の違いを思い知るときです。

我が国では、戦後普及員が農村地域を駆け回り食糧増産を達成しました。このことから、一部に普及員はその目的を達成し、不要論を唱える人がいますが、とんでもないことです。農業世界は、刻々と変化し新たな課題が次々に生まれてきていることを、少しでも多くの人に伝えることが重要です。

　平成23年度全国には、6,996名の普及指導員（平成16年法改正により呼称変更）が活動しています。普及指導員の活動は、農業者、関係機関・団体との調整の上に立った生産技術、経営改善、担い手対策、食の安全安心、集落営農、農産物ブランド化、新品目の導入など多岐に及び、その成果は、農業関係新聞や、全国農業改良普及職員協議会機関紙「技術と普及」などに紹介され、関係者間では、よく知るところとなっています。

　しかし、農業関係外の者に対する周知については、まだまだ不十分とされています。そもそも、消費地における大阪において「農業？」、「フッキュウイン？」というような返しがあるようでは論外です。「論外」のようなことが起きないように、関係者も積極的な普及活動PRに心がけていますが、普及活動は、多くの部分が、農業者に働きかけ、その結果として「農業者に動きがあった」とか「意識が高まった」とかの業界用語を使いがちで、成果を客観的に表現することに苦慮していました。

　このたび、全国の普及指導員への調査結果をもとに、関係者はもとより、農業コミュニティ以外の連携事業の読者にとっても情報価値のある書籍が、心理学研究者の方から刊行されることに大きな期待を持っています。

　最後に普及事業60周年記念近畿ブロックシンポジウムにおける「普及活動成果の数値化」についてとりあげていただき厚くお礼申し上げます。

第2章

農村コミュニティに欠かせない「つながり」

みんなで助け合って築く「公共財」

　人間は、他者と「つながって」生活する社会的動物である。一人ではできないことも、他者との協力の中で達成することができる。周囲を見渡せば、そうした例をいくらでも目にすることができる。
　たとえば、筆者は今この原稿をとあるビルの1階で書いているが、このビルは誰かが一人で作り出せるものだろうか。また筆者は今、コーヒーを飲みながらこの原稿を書いているが、このコーヒーがテーブルにたどり着くまでにいったいどれほどの人が関与しただろうか。コーヒー豆を育てた農家、それを加工した業者、運搬業者、そしてその加工品が販売されて何人もの人の手を渡って筆者が今いるカフェの従業員のもとにたどり着き、そして筆者のテーブルに置かれた。コーヒーはいわば嗜好品であるが、我々の生存に欠かすことのできない食料にも、同様に非常に多くの人々が関与していたことは想像に難くない。
　また、筆者が今書いているこの原稿は、情報・知識を人々のもとへ届けるために書かれているが、ここで書こうとしていることは筆者自身が発見したことにだけ基づいているわけではない。多くの先人たち、そして同世代の研究者たち、様々な専門家の蓄積してきた情報・知識が筆者のところに届き、それを新しい情報と組み合わせてまた別の人のもとに届けようとしている。人は、その毎日の生活の中で、様々な資源・財を交換し、そうした交換を通じて一人では獲得できない多くのものを得て生活している。
　現代の日本社会ではこうした交換の多くが経済的な活動として営まれているが、ここでいう「交換」には何もフォーマルにやりとりされるものだけが含まれるわけではない。友人や同僚との他愛のない会話の中には、様々な情報の交換が盛り込まれている。うわさ話、今日の上司の機嫌、政治の動向、画期的な新商品の情報、新しいコンピュータを買うときにどの製品の評判がいいか、などなど。こうした情報は、私たちの生

活をより良いものにする上での一翼を担っている。

　また、私たちは一人では片付けられないような仕事を、同僚たちに助けられながら遂行している。そのお返しに、その同僚の仕事を助けることもある。インターネット上には、様々な「質問サイト」が設立され、一人では判断できないことをどこかの見知らぬ誰かが無償で教えてくれる。逆に、苦境に立たされた誰かの質問に自分が回答することもあるだろう。様々な「つながり」の中で、私たちは実に多様な資源の交換を行い、助け合って生きている。

　こうした資源の交換、あるいは相互協力は、当然のことながら二者間に限定されるものではなく、より多くの人間が力を合わせることで達成されるものも多い。本章の冒頭で挙げたビルの例などはその典型だろう。

　環境問題も同様である。多くの人々が利己的な（つまり、自分勝手な）行為を慎み、環境を守るための協力体制を築くことで初めて、環境が維持される。社会心理学を含む社会科学の領域では、古くから「**公共財問題**」と総称されるトピックスがある。公共財とは、「皆が恩恵を受けることができるもの」（たとえばクリーンな環境や共用の炊事場、皆の使う道路など）を指し、環境問題はそうした公共財に関わる問題の典型的な例のひとつである。

　ある公共財がうまく保たれるかどうかは、各自がきちんとその公共財のために協力的に行動するかどうかにかかっている。もし誰も協力しなければ、その公共財は崩壊し、誰もその恩恵を受けられなくなる。環境問題の例で言えば、電気の節約やごみの分別といった行動も含めて、日々の生活の中で環境維持のための行動を各自が取らなければ、結局は自分もその恩恵を受けられなくなってしまうのである。

　ただし、協力行動には多少なりとも時間や手間がかかる。たとえば、ごみの分別は、ささいなながら時間を要し、忙しい毎日の中ではつい面倒になることもある。しかしこうした「サボり」は、個人的には楽で便利であっても、公共財の成立・維持には悪影響を与える行動である。「皆が協力してくれれば、自分一人くらい協力しなくても、環境は壊れ

ない」。「皆がちゃんと選挙に行けば、自分一人くらい選挙に行かなくても、悪影響はない」。こう考えることも、無理からぬことかもしれない。

　しかし、もしも全員が同じように考え、同じようにサボったとしたらどうだろう？　「サボった方が個人的には得」なのは、何も自分一人だけではなく、他のメンバーも同じ状況に直面しているのである。その結果、もし誰も協力しなくなれば、公共財は崩壊してしまい、全員が困った状況に追い込まれる。環境は悪化し、誰もがその困難を抱えることとなる。一方で、全員が協力していれば公共財は維持され、皆がその恩恵を受けられる。しかしながら、もしも皆が協力しているときに自分一人だけサボることができれば、その「ただ乗り」によって個人的には最も「お得」な結果になるから……と思考は堂々巡りとなり、ジレンマに陥る。公共財問題が、別名「**社会的ジレンマ**」と呼ばれるゆえんである。この構造は、環境問題だけでなく、交通渋滞や違法駐車といった交通問題、社会保障問題、公共の場におけるマナーの問題といった身近な問題まで、様々な場面に見出される。

　公共財問題の例として、**ハーディン**（Hardin, 1968）の取り上げた「**共有地の悲劇**」を紹介してみたい。共有地とは、そのコミュニティのメンバーであれば誰でも使用できる土地（公共財としての性質を持つ土地）のことで、今回の例の場合は自分の家畜を好きなだけ放牧できる共有の牧草地がそれにあたる。かつて戦争や病気で人間も家畜も数が少なかった時代は、この共有地の運営はうまくいっていた。しかし、ひとたび社会が安定して人口が増加してくると、一人ひとりの牧夫は以前よりも多くの家畜を持つことができるようになってきた。

　私有地であれば家畜が牧草を食べ尽くさないよう牧夫も配慮して数を調整する。しかし共有地では、自分がそこに持ち込む家畜を増やさなければ他の牧夫が家畜を増やしてしまい、その分だけ自分の取り分が減り、自分の家畜の発育が悪くなってしまう。その損失を穴埋めするために、牧夫は家畜を増やさざるをえない。こうして牧夫が共有地を自由に利用し、自分の利益を増やそうとする限り、共有地に入る家畜は増え続

第2章　農村コミュニティに欠かせない「つながり」

荒れる共同牧場

け、牧草は食べ尽くされてしまう。そして次の春には家畜が食べる牧草はなく、牧夫は生活の糧を失ってしまう。

　共有地の悲劇は、人々が自己利益を増やすために資源を再生不可能になるまで使い尽くしてしまう結果、資源枯渇という全員にとって望ましくない結果に陥るという社会的ジレンマである。逆に、牧夫が互いに協力しあい、共有地に入れる家畜の数を制限していれば、共有地（ここでの公共財）は維持され、結果として全員がより良い状態に至ることができる。

　ハーディンの紹介した共有地と牧夫についてのこの話は、公共財問題の構造を示す典型的な例である。しかし、すでに述べたとおり、同じ構造を持つ問題（たとえば交通渋滞や環境問題）は、日常的に社会のそこかしこに存在している。人間が社会を築いて他者との関わりの中で生活している以上、こうした公共財問題の構造を持つ状況は避けられず、相互

協力状態の達成は人間にとって非常に重要な課題となっている(公共財問題・社会的ジレンマについて、詳しくは山岸(1990)を参照されたい)。

農業が育てる「つながり」

農村コミュニティで大事な「つながり」

ハーディンの「共有地の悲劇」は牧夫たちのコミュニティの話であるし、交通渋滞は典型的には都市圏で発生しやすい問題である。しかし、協力行動の重要性は、本書で注目している農村コミュニティにおいても例外ではない。むしろ、農村コミュニティこそが協力行動を特に必要とする社会環境であると考えられる。「農」という営みと地域コミュニティの関係について、普及指導員である森本秀樹(2009, コラム⑥担当)は次のように語っている。

> たとえば、作物を育てる水を例にとっても、みんなで池を管理し、用水路を整備し、平等に田畑へと導きます。また、春の田植え前にはみんなで用水路の掃除を行い、補修をします。そして、田畑へとつながる農道は、それぞれの耕作者が道に接する部分を自分の庭のようにきれいに草を刈り取ります。さらに、それらの作業が終わるとみんなが公民館に集まり、お茶やときにはお酒を飲みながらいろいろなことを語り合います。こうして「農」と地域が重なることにより、「農」が営まれるとともに、地域が守られる、逆に地域に守られて農が営まれる、といった過程があります(森本秀樹『ステップアップ集落営農』, 2009, p. 83)。

農村コミュニティでの相互協力に関する最も代表的な例は、水資源の管理、すなわち灌漑システムの維持に見出すことができる。農業という営みの中では、水は絶対的に必要不可欠な資源である。問題は、この水

第2章　農村コミュニティに欠かせない「つながり」

一人では大変なことも助け合えば

資源をいかに確保するかである。灌漑設備は、恒常的に水資源を確保する上で有用な施設であるため、その構築・維持は農業者にとって非常に重要な課題となっている。しかし、これは一人で簡単にできることではない。用水路などを構築するためには多大な労力を必要とするし、維持するためには定期的に雑草除去などの清掃活動を行うことも必要となる。また、時間が経てば破損のチェックのための見回り、そして修復作業も必要不可欠となる。こうした作業を行う上で農業者間の協力は必要不可欠で、たとえば用水の維持管理には数戸から数十戸、場合によっては数百戸の相互協力が必要だとされている（長谷川, 1969）。

　また、近年では農業そのものの維持がかつてよりも困難になり、そのために集落内での助け合いの必要性が高まってきたと指摘されている。森本（2009）によれば、1980年代後半（昭和60年代）から、高齢化や担い手不足のために自分で農作業を十分に行えない農家や耕作放棄地が集

33

落の中で見られるようになり、その結果、「集落の農地は集落で守ろう」といった考えから「集落を守る営農組合」が生まれてきたという。

農業と信頼

　こうした集落内での助け合いの必要性を反映して、「農業」という生業形態が他者への信頼や協力行動、集合行動を促進することがこれまでの様々な調査で明らかにされている。たとえば、「農村におけるソーシャル・キャピタル研究会」の行った調査によれば、農家率の高いコミュニティほど、住民が互いを信頼する傾向が強いという（農村におけるソーシャル・キャピタル研究会・農林水産省農村振興局, 2007）。[1]

　なぜ信頼が高まるのだろうか。**信頼**は、相互協力関係の構築・維持に決定的に重要である（山岸, 1990）。お互いに不信の目を向け合っているときに、いったいどのようにして互いに協力することができるだろうか。「他の人もちゃんと協力してくれる」、そう思えるからこそ、人は相互協力行動に参加することができる。逆に信頼がなければ、本当は「皆で協力しあいたい」と思っていたとしても、自分一人だけが「損な役回り」を引き受けることを恐れ、協力行動に踏み切れない恐れがある。しかも、誰かがそうした不安・不信感から協力することを躊躇してしまうと、集落の中で実際に協力する人の数が減ってしまい、そのことはさらに互いの不信感を高めてしまう。こうして、「不信が不信を呼ぶ」事態が生まれ、いつまで経っても相互協力状態が生まれないこととなる。

　このように互いへの信頼がなければ相互協力状態が生まれにくくなってしまい、農業にとって必要不可欠な共同作業がスムーズに進まない恐れがある。農家率の高いコミュニティで互いに対する信頼が強く見られることは、農業に不可欠な相互協力を支えるために、互いの信頼を高め

注釈（1）厳密には、複数の項目を総合して得点化した「第1農村SC（ソーシャル・キャピタル）」と農家率との関係が報告されているが、この「第1農村SC」には信頼関係に関する項目が多く含まれている。

るための様々な工夫（密なコミュニケーションや、そのための場の設置など）が行われていることを想像させる。

農業と同調行動

協力行動やそれに必要な信頼に関してはもちろん、様々な社会行動や心理過程に関して、社会心理学は研究成果を積み重ねてきた。そのひとつに、**「同調行動」**が挙げられる。同調行動と農業の間に関係があることを示唆する研究があるので、ここで簡単に紹介してみたい。

同調行動の心理学実験と言えば、**ソロモン・アッシュ**（Asch, 1951）の実験が有名である。その実験の方法などの詳細は「みちくさ心理学その１」で紹介しているので、関心がある読者はそちらを参照していただきたい。アッシュの実験でわかったことの要点だけ一言でまとめておくと、次のようになる：人間は、明らかに間違いだとわかっているときでさえも、つい多数派に同調してしまうことがある。もちろん、こうした傾向には個人差があり、同調しやすい人もしにくい人もいる。また、社会・文化によっても差がある。そしてここで紹介したいのは、農業が主たる産業となっている社会では同調傾向が促進されやすいことを示した研究である。

そもそも、「同調」といえばいかにも否定的な響きがある。確かにアッシュの実験では、「多数派が明らかに間違えている状況」を意図的に作り出し、そうした場面での行動を調べていた。こうした行動は、当然、問題のある結果にもつながる。集団が間違った意思決定をしそうになっている状況で、多数派の圧力に誰もあらがうことができず、異を唱えることができないとなれば、その集団は間違った方向に進んでしまう。そうした話は現実社会でも枚挙にいとまがない。

しかし、多数派に同調することは、常に問題しか生まないのだろうか。もちろん、「空気を読まない」ことは、否定的なニュアンスを持っている（いわゆるKY）。その一方で、何か意思決定をする際に「場の空気を読む」ばかりになることにも、どこか後ろめたさのようなものを感

みちくさ心理学 その1　「同調」の心理学実験

　人間はとにかく周りの影響を受けやすい動物で、そうした人間の「影響の受けやすさ」を調べるべく、様々な心理学実験が行われてきました。そうした実験の中でも特に有名なもののひとつに、社会心理学者の**アッシュ**（Asch, 1951）の行った実験があります。

　あなたがこの実験の参加者だとしましょう。あなたは、ある日のある時間に、社会心理学の実験に参加するべく、指定の場所（多くの場合、大学の中にある心理学実験室で行われます）に向かっていました。指定の場所に到着すると、その部屋にはすでに何人かの実験参加者が到着して待っていました。実験者は、あなたに席に着くように指示します。他の参加者も、あなたの隣に並んで座っています。

　さて、あなたが席に着くと、実験者がこれから実験を開始すると宣言しました。実験者は、最初にある1本の線を提示しました。図2－1を見てください。その左側のカードの線、すなわち「ターゲット線」が、最初に実験者が提示している線です。参加者全員がそれを見ます。続いて実験者は、別の3本の線を提示しました。これが図2－1の右側のカードのA、B、Cの3本の線です。実験者は、ターゲット線と同じ長さの線はA～Cのどれかを答えてほしい、と言いました。あなたの目には、明らかにAの線もCの線も短すぎて、Bの線に間違いないように思えます。部屋にはあなたを含めて4人の参加者がいましたが、最初の参加者が答えました。「Aです」。それを聞いたあなたが内心驚いていると、2人目の参加者が実験者に指名されて答えました。「Aです」。さらに、3番目の参加者が指名されて答えました。「Aです」。最後に、あなたが指名されました。さて、あなたは何と答えるでしょうか？

　アッシュの行った実験の結果、どう見ても「B」が正解となるこの状況で、ゆうに30％を超える参加者が「A」と答えました。実はこの実験

第2章　農村コミュニティに欠かせない「つながり」

図2－1　同調行動に関するアッシュの実験で
　　　　実験刺激として用いた2枚のカード

ターゲット線　　　　A　B　C

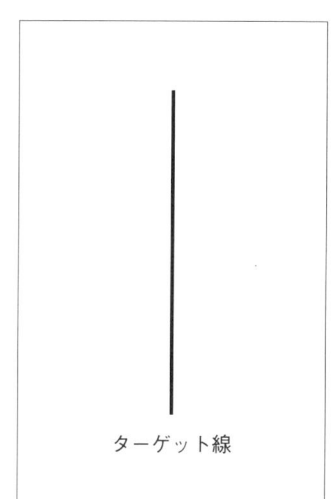

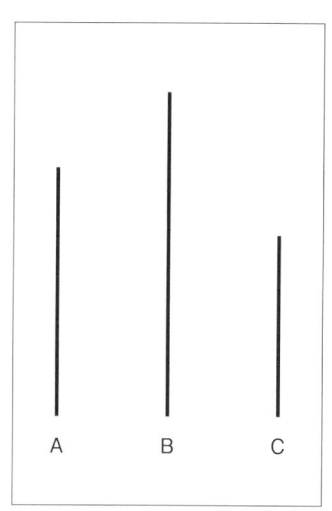

では、本当の参加者は1人だけで、他の参加者は全員「実験協力者」、すなわち、サクラだったのです。この実験を行ったアッシュは、こうした状況――すなわち、多数派が明らかに間違えている状況――で、人々がどのように行動するかを調べていたのです。

　実験の結果は上のとおりで、いかに多数派の間違いが明らかな状況でも、決して少なくない人々がその多数派に同調してしまうことをアッシュの実験は示しています。

じる人も少なくないのではないだろうか。しかし、もし場の空気を読まなければ、何が起こるか。いわゆる「白い目で見られる」事態になることは想像に難くない。また、そうした個人的なコスト（仲間からの否定的評価）だけではなく、「全員の一致団結」が求められている（それが、全体にとって良い結果をもたらす）局面で、「私は、やりたくない」と頑として譲らない人がいたらどうだろうか。

　公共財問題の話に返れば、皆が一致団結して協力しようとしているときに、「いや、私は」と言って協力しようとしない人がいれば、全員が困った事態に陥ってしまう。また、その人一人の離脱であればまだ良いが、そうした非協力者の存在は、他のメンバーの離脱も招いてしまうことがある。実際に同調行動は、自分以外の「全員」が共通の行動を取っている際に生じやすく、自分以外に誰か一人でも非同調者がいれば同調行動は劇的に低下することが知られている。つまり、「同調する」傾向それ自体には良いも悪いもなく、集団の過ちを正しにくくするという側面もあれば、むしろそれが集団全体のために必要となる場面も存在するのである。

　さて前置きが長くなったが、農業と同調行動の話に目を転じてみよう。すでに50年近く前の研究ではあるが、非常に先駆的な視点での研究が**ジョン・ベリー**（Berry, 1967）によって行われている。ベリーは、生活の基盤となる生業が同調行動にどのように影響するかを調べるべく、狩猟採集民族（カナダはバフィン島のイヌイット）と、農業集団（西アフリカはシエラレオネのテムネ民族）を比較した。ベリーは、先ほど触れたアッシュの実験課題と同様の課題を用いた実験を行い、同調傾向を測定した。その結果、ほとんどが米農家であるテムネは、狩猟採集を主とするイヌイットよりも強い同調傾向を示したのである。

農業と「周囲に目を配る」クセ

　次に紹介したいのは、「周囲に目を配る」傾向と農業の関係である。アイシェ・ウシュクルとその共同研究者（Üskül, Kitayama, & Nisbett,

第2章　農村コミュニティに欠かせない「つながり」

2008）は、トルコの黒海地域で3種類のコミュニティ──農業コミュニティ、漁業コミュニティ、牧畜コミュニティ──を比較した。

　ここで言う「周囲に目を配る」とは何のことか。まず強調しておきたいことは、人間は視界に入るもの全てを実際に「見ている」わけではない、ということである。たとえば、非常によく似た2枚の絵の「間違い探し」を思い起こしてみたい。その2枚の絵は完全に同じではなく、数ヶ所の「間違い」が含まれている。その間違いを見つけるべく2枚の絵を見比べているとき、その2枚の絵は確かに視界に入っている。しかし、視界に入ってはいても、間違いはなかなか発見できない。間違いが「見えて」いないのである。また、中には間違いを非常に素早く発見する人もいれば、なかなか発見できない人もいる。名探偵の目には明らかに現場に転がっている証拠も、凡庸な助手の目には「見えて」いない。このように、人間は、視界に入るもの全てを「見ている」わけではないのである。

　近年の文化心理学的研究は、「何が見えているのか」という注意配分においても文化差があることを見出してきた。どうやって検証したのかなど、研究の詳細に興味のある読者には「みちくさ心理学その2」を参照してもらいたい。研究の結果としてわかったことだけを一言で述べると、非常に単純な刺激図形に対する注意配分でも、日本ではアメリカよりも「周囲に目を配る」傾向が見られやすいことがわかったのである。逆に、アメリカ人は日本人よりも、図形の中心部分（あるいは目立つ部分）に注意を向けがちであった（Kitayama et al., 2003）。

　提示された図形の中心部分（あるいは目立つ部分）にだけ注意を払うのか、それとも、その背景にまで注意を払うのか。ウシュクルは、こうしたごく基礎的なレベルの心の働きにまで生業が影響を及ぼしている可能性に着目し、トルコの黒海地域の農業コミュニティ、漁業コミュニティ、牧畜コミュニティを比較した。そして、牧畜コミュニティの住人に比べて、農業コミュニティの住人は対象の「中心」だけでなく「背景」にまで注意を向ける傾向があることを見出したのである。このこと

みちくさ心理学 その2 「周囲」に目を配る日本人

　第1章で述べたように、日本ではアメリカなどに比べて**他者志向性**あるいは**関係志向性**が重視されやすいことが、これまでのいろいろな研究で明らかにされています。自分自身が何を求めているか、自分は何を考えているのかなど、自分自身の内面だけでなく、周囲にいる他の人たちがどのようなことを求め、どのようなことを考えているか、そういった「周囲」にも目を配ることが日本では重視されるというわけです。

　こうした「周囲にも目を配る」傾向は、どこまで一般化できるのでしょうか？　たとえば、上で述べているような他の人々への注意配分ではなく、もっとシンプルで単純な、ただの図形の場合にはどうでしょうか？

　図2-2を見てください。これは文化心理学者の北山忍が共同研究者と一緒に行った日米比較実験で用いた図形の例です（Kitayama, Duffy, Kawamura, & Larsen, 2003）。

　この実験の参加者は、最初に左の図（灰色の四角形とその中の縦線）を見せられました。その後しばらくしてその図は隠され、次に別の四角形が提示されました。この新しい四角形には縦線はなく、また四角形のサイズも最初のものとは違っていました。

　参加者は、ここで2種類の課題のどちらかに取り組むことになります。ひとつは「絶対判断課題」です。絶対判断課題では、新しい四角形（枠）の中に、最初の図形の中の縦線と同じ長さの縦線を引くように指示されます。もうひとつのタイプの課題は「相対判断課題」です。相対判断課題では、「最初の四角形と縦線の比率と同じ比率になるように、新しい四角形の中に縦線を描く」ことが求められました。

　たとえば最初の図形が9cmの枠に4.5cm（枠の長さの半分）の縦線が引かれていたとします。このとき、絶対判断課題では、四角形のサイズ

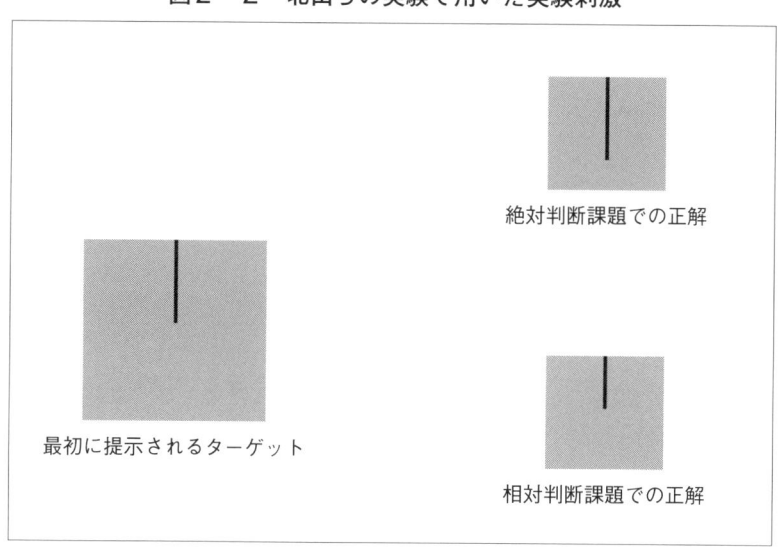

図2−2　北山らの実験で用いた実験刺激

とは関係なく、4.5cmの線を引くことが常に正解となります。つまり四角形（枠）の大きさを無視して、線の長さにだけ注目する課題です。もう一方の相対判断課題では、新しい四角形の中に「同じ比率」（上の例なら、枠の半分の長さ）を再現しなければいけません。ですので、四角形の高さがもし5cmであれば2.5cmの縦線、もし四角形の高さが8cmであれば4cmの縦線を引くことが正解となります。つまり、四角形（枠）と線の両方に注意を向ける必要があります。

「線と枠」課題と呼ばれるこの実験課題は多くの心理学研究で用いられており、文化差も確認されています。最初にこの課題を用いた北山らは日米の違いを発見し、絶対判断課題ではアメリカ人の方が日本人より成績が良く、逆に相対判断課題では日本人の方がアメリカ人よりも成績の良いことを明らかにしました。

この「線と枠」課題の絶対判断課題、あるいは相対判断課題での成績

が良かったり悪かったりするのは、何を表しているのでしょうか。この課題で調べているのは、中心にあるもの（この場合は、四角形の中の縦線）を、その周囲にあるもの（この場合は、灰色の四角形）から切り離して見る傾向だったのです。

　本文中でも述べているように、人間は、視界にあるもの全てを「見ている」わけでありません。同じように視界に入っていても、注意の向けられているものと向けられていないものがあるのです。もし、中心にあるものをその周囲から切り離して見る傾向が強ければ、その分だけ絶対判断課題は得意になり、相対判断課題は苦手になります。逆に、常に周囲とセットで中心にあるものを捉えようとする傾向があれば、相対判断課題は比較的うまくこなせても、絶対判断課題をうまくこなせなくなってしまいます。つまり、この「線と枠」課題では、「周囲に目を配る」傾向を調べているのです。

　日本とアメリカでは社会の成り立ちが違っていて、個人の主体性が重視されやすいアメリカ社会に比べて日本社会では**他者志向性**あるいは**関係志向性**が重視されやすいことは、第1章で述べたとおりです。「線と枠」課題で日本人がアメリカ人よりも相対判断課題を得意とし、絶対判断課題を苦手とするのは、こうした社会のあり方の違いを反映していると考えられています。

　つまり、今ある人間関係の中で上手に調和を保って生きていくことが求められる日本社会では、自分個人の思いや欲求だけでなく周囲の他者の気持ちにも注意を払う必要があるとされており、それが転じて「線と枠」課題のような抽象的な刺激に対しても「周囲に目を配る」傾向が備わった、と考えられているのです。

　なお、心理傾向・行動傾向の文化差を調べるために他にどういった実験が行われているかに関しては、増田貴彦（2010）の『ボスだけを見る欧米人、みんなの顔まで見る日本人』をご覧ください。文化心理学の一般向け入門書です。

は、自分だけでなく周囲の他者のことにまで十分に注意を向け、互いに助け合って生活しなければならない農村コミュニティでの生活の中で、住人たちが「周囲にも目を配る」クセを身につけていったことを示唆している。[2]

「つながり」が農村にもたらすもの

　ここまで、農業といくつかの心理・行動傾向の関連について見てきた。そうした心理・行動傾向には、コミュニティ内の他者に対する信頼、同調行動、また、対象の「周囲にも目を配る」傾向などが含まれていた。こうした心理・行動傾向は相互協力状態を達成・維持する上で重要な役割を果たしていると考えられる。そのことは、ひるがえって、農業という営みの中で相互協力状態を築くことがいかに重要であったかを示唆している。

　事実、相互協力状態を築くことが農村コミュニティの中で非常に重要であり、問題解決に有効であることを示す研究成果がいくつか報告されている。本節では、そうした研究成果について簡単に紹介してみたい。住民同士が相互に協力しあうことは、果たしてどのような形で農村コミュニティの生活を助けているのだろうか。

つながりで害獣を追い払え！

　その具体的な例として、まずは**鳥獣害対策**のひとつである「集落ぐるみ」でのサルの追い払いについて調べた山端の研究（山端, 2010）を見てみたい。野生獣による農作物被害は農業生産上の重大な問題となって

注釈（2）ちなみに、ウシュクルらの実験では、漁業コミュニティは農業コミュニティと類似の反応を示していた。ウシュクルらの実験に参加した漁業コミュニティでは、複数のメンバーが1隻の船に乗り込み共同で漁を行うため、そうした漁のあり方が反映していると考えられている。

いる。山端は特にサルに注目し、三重県で調査を行った。サルへの対策としては、人に対する恐怖心を学習させる追い払いが有効だとされている（農林水産省生産局農産振興課技術対策室, 2007）。この追い払いは全戸が集落をひとつの農地と見なし、全戸総出で集落全体を守る追い払い方法（サルを見たら自分の農地以外でも集落から出て行くまで追い払う；以下、「集落ぐるみの追い払い」）が有効であると指摘されている。

事実、山端が綿密に調査を行った三重県の6集落のうち、集落ぐるみの追い払いを適切に実施できた4集落ではサルによる被害などが軽減した。これに対し、集落ぐるみの追い払いが適切に実行できず、個人あるいは家族単位での追い払い（すなわち、自家の農地にサルが侵入してきたときにのみ行う追い払い）にとどまった2集落では、サルによる被害は軽減しなかった。この結果は、農家が個別に対策を行うのではなく、集落全体で協力し、集落全体を守ることが大きな効果を持つことを如実に示している。

山端の「集落ぐるみの追い払い」は、農村コミュニティにおける協力行動の重要性・有効性を示す顕著な例であるが、この他にも様々な研究者が農村コミュニティにおける**社会関係資本（ソーシャル・キャピタル）**の重要性について調べている。社会関係資本とは、第1章で述べたとおり、住人同士の相互協力を促進するようなコミュニティの特性で、「信頼」「互酬性の規範」「ネットワーク」が「資本」として機能すると指摘されている（**パットナム**, 2000/2005）。

コミュニティの信頼関係

松下と浅野は、用水管理とコミュニティ住人の信頼関係について調査した（松下・浅野, 2007）。松下と浅野の調査対象は日本ではなくタイの灌漑農業であったが、調査の結果、住人同士が互いを信頼しているコミュニティほど水利組合の活動が活発に行われ、用水管理も効率良く行われていることが明らかにされた。用水路などの灌漑システムは、すでに述べたとおり農業にとって極めて重要な設備であるが、こうしたハー

ドウェアを適切に運用するためには、住人同士の信頼関係（社会関係資本）が必要となることを松下・浅野の研究結果は示している。

　コミュニティ住人同士の信頼関係は、他にも様々なものに影響を及ぼしている。たとえば、兵庫県篠山市での研究では、住人同士の連帯感・信頼の高い集落ほど若者が定住しやすく、また集落外に住む子やきょうだいの帰省が多く見られることが明らかにされた。また、住人が集落行事に協力的な集落ほど、同じく若者が定住しやすく、子やきょうだいの帰省が多かった（山口・中塚・星野, 2007）。

　また地域資源管理（農業生産に関する寄り合いや、水路・水利施設の管理、共有林の管理）に参加するかどうかに対して、地域内の他者に対する信頼が効果を持っていることが京都府北部の農村地域での研究からわかってきた。地域内の他者に対して強い信頼を持つほど、こうした管理作業への参加が促進されたのである。また、信頼の持つ促進効果はこうした農業関連資源の管理への参加にとどまらず、集会所の清掃や地域のお宮・お寺の管理、伝統行事・芸能の継承、葬式の手伝いといった、農業に直接的には関係しない資源管理、さらには都市農村交流活動への参加にも及んでいた（福島・吉川, 2012）。

　信頼の効果はこうした共同作業だけではなく、各住人の健康にも影響することが示唆されている。福島らの研究（福島・吉川・市田・西前・小林, 2009; 福島・吉川・西前, 2012）では、自分の健康状態をどう感じているかをたずね（主観的健康）、それと地域内他者への信頼との関係が検討された。その結果、地域内他者への信頼が高いほど主観的健康も高いというパターンが確認された。この調査結果は、地域内の他者への信頼が高いほど日常的に様々な助け合いがなされやすく、また、ストレスの低い生活を送ることができ、そうしたことが積み重なって健康にも影響していると解釈することができる。

つながりはどうやって維持される？

　ここまで見てきたとおり、農村コミュニティでの生活において、住人同士の相互協力は重要な役割を果たしている。そして、住人同士の信頼関係が、こうした相互協力を達成・維持する上で大事な「土台」となっていることが明らかにされてきた。ただし、こうした社会関係資本と農村コミュニティにおける生活の関係は、まだ十分に解明されたとは決して言えない状況にある。社会関係資本とは信頼関係を含む様々なコミュニティ特性の総称としての側面を持つが、どのような状況で、またどのような問題に対して、どういった社会関係資本が効果を発揮しやすいのかなどなど、未だ整理されてはいない問題は多い。

　たとえば、社会関係資本のひとつと見なされる「互酬性の規範」、すなわち「お互いに助け合うべし」とする規範は、組織の一体感を高める効果を持ち、水質保全や生態系保全のための取り組みなどを促進する効果を持つとされている。しかしその一方で、同時になぜか寄り合いへの住人参加を抑制してしまうことも確認されている（中村・星野・橋本・九鬼, 2010）。

　また、集落全体の（平均的な）社会関係資本の高さ（信頼の高さなど）よりも、集落の中心的存在（役員経験者など）の持つ社会関係資本の高さこそ重要であることも示唆されている（中村・星野・中塚, 2009）。

　このように、社会関係資本のもたらす影響については、まだ十分に明らかにされたとは言いがたい。今後もさらなる研究の蓄積が必要とされている分野である（社会関係資本に関する最新の研究成果のまとめとしては、稲葉・大守・近藤・宮田・矢野・吉野（2011）による『ソーシャル・キャピタルのフロンティア』などが挙げられる）。

　それではそうした社会関係資本の形成にはどういった要因が影響するのだろうか。たとえば住人同士の信頼関係が重要であるとして、信頼関係はいかにして構築・維持されるのか。信頼関係に影響する要因は非常

に多岐にわたると考えられるが、本書ではそうしたもののひとつとして、「社会関係のコーディネーター」としての普及指導員に注目している。

　誰かと新しく信頼関係を築こうとするとき、その人との間に「共通の知人」がいれば信頼関係は築きやすくなる。また、誰かとの仲がこじれたとき、第三者的立場に立つ「仲裁者」がいることで問題が解決しやすいこともある。また、必要な情報をどこで仕入れればよいのかわからないとき、誰に相談すればよいかを教えてくれる人がいれば大いに助かることがある。「社会関係のコーディネーター」とは、そうした存在であり、筆者らは普及指導員がその役割を担っていると考えている。次の第3章では、農業の普及指導員について簡単に紹介し、第4章で筆者らの行った調査結果について紹介したいと思う。

コラム❷
農家対応はいつも真剣勝負

サンファーム法養寺代表　元・滋賀県普及指導員　上田栄一

　36年間普及員を経験して、現在は集落営農法人の理事として農業に従事して3年が経過しました。普及員として農家巡回をしていた自分が普及指導員の指導助言を待ち望む立場になったのです。

　もともと畜産担当として主に酪農家を巡回していました。専業農家がほとんどの酪農家の対応は真剣勝負です。もしも「役に立たない普及員」と思われたら、訪問してもトラクターを止めようともしてくれません。幸い私が訪問するとほとんどの酪農家が作業の手を止めて応対してくれました。

　では農家対応にどのような配慮をしてきたのでしょうか。まず訪問するまでの車の中で今農家がどこにいて何をしているのか、自分が伝えようとする内容をどのように説明するのか、相手の関心は何か、話の決め手は何かなど集中して考えます。出会ったら作業中の場合は簡単明瞭に話して、いつならじっくり話せるのか聞き出します。後日、約束した日時に必ず訪問して意見交換をします。約束を守るのは鉄則です。

　要望や質問事項は雑談の中からでもつかみとり、農家から離れたら即手帳にメモ、近日中に対応方法や回答を伝えに行きます。「えっ、話のついでに言ったんやけど本気で聞いていてくれたのか。あんたはすごいな！」と言ってもらえれば信頼関係は一気に強まります。普及の一番のポイントは「いかに早く農家との信頼関係を築きあげるのか」なのです。

　雨の日や冬場は酪農家は比較的時間のゆとりがあります。そんなときは用事がなくても農家を訪問して雑談をします。実は「雑談の中にヒント有り」なのです。特に信頼関係ができると農家の本音がかなり出されて、次からの指導事項をつかむことができます。

　転勤して初めての赴任地ということになると農家の場所も人もわからなくなります。私は全酪農家に対して意向調査を実施しました。調査書は「酪農家ならこの調査には応えなければいけない」と思われるような農家の関心事

項を網羅します。飼料給与の技術的なことや将来の経営方針といった内容で、調査書は回収期日明記で郵送配布。自分は決めた日に決まった農家を訪問して回収します。これで農家の場所や人がわかります。回収した調査書は徹夜集計、1週間後には結果を郵送で戻します。農家からは「もう集計したのか、今度の普及員は本気やな」と思っていただき、次に出会ったときには相談が寄せられます。

　酪農組合の糞尿処理施設の先進地研修に同行しました。大がかりな集中処理施設でしたが、かなり詳細な部分まで聞き出して、帰ってから同じ施設を担当地域に設置するとしたらどれぐらいの事業費で運営経費はどれぐらいかかり、農家負担はいかほどかといった原案を作成しました。組合の研修会で説明したところ、施設導入の気運が高まり、事業実施に至ったことがありました。先進地研修は物見遊山に終わらせてはいけません。

　いくつか自分が創意工夫して普及活動にあたってきたことを述べてみましたが、一番大切にしてきたことは「先読み」です。こんな提案をしたらどんな反応が返ってくるのかを考え、だから説明順序を組み立て理解しやすい資料を作成するのです。

　畜産農家訪問をしていた頃、数十通の「牛乳を飲みましょう」という酪農家からの年賀状をもらっていたことは普及員冥利に尽きると思っています。

　管理職となって普及員の指導をするようになって気づいたことは「現地追従型」の普及員が多いことです。現場で農家が「いや、そんなことはできない」というと、職場に帰ってきて「あそこの現地ではできない」と報告する。そうではなく、普及指導員としてどのように説得し、どのように工夫して理解させたのかが重要なのです。

　私は現在、水田20haで水稲・麦・大豆の栽培、ビニールハウスでトマト、イチジク、木イチゴの栽培、露地小菊など多彩な農産物を生産する農事組合法人の理事として農業に従事しています。園芸は全く知識がなく、普及指導員から栽培技術や病害虫防除の指導を受けて超多忙な毎日を過ごしています。まだ3年しか経験していませんが、台風で3棟のハウスが全壊、虫の大量発生でイチジク全損など大変な危機を乗り越えてきました。いわゆる土地利用型集落営農が施設園芸部門も取り込み多彩な農業経営をするひとつのモデルケースに仕立て上げたいと考えています。

農業現場は変わらなければなりません。普及がどのような対象にどのような仕掛けをしながら新たな生産地を作り上げていくのか、旧態依然たる考えをかなぐり捨てて、合理的で前向きな農業者の発掘をすることが大切です。現場指導のヒントは現場にある。現場に精通するからこそ真の農業者のニーズを見つけ出すことができるのです。

第3章

普及事業とは
~スペシャリスト機能とコーディネート機能~

つながりコーディネーター

　第2章で見てきたとおり、人は互いに協力しあうことを通じて、一人ではできないことを成し遂げてきた。灌漑システムをはじめとする公共財を多く抱える農村コミュニティにとって、互いの協力は特に重要となる。この相互協力状態達成の鍵となるもののひとつがメンバー同士の信頼関係であることは第2章に述べたとおりであるが、その構築は必ずしも容易ではない。現に、農村コミュニティの中でも、強い信頼関係の存在するコミュニティとそうでないコミュニティは存在しており、その差は灌漑システムや共有林の管理作業への参加率、集落への定住率、また集会所などの清掃作業への参加率など、農村コミュニティの様々な側面と関係していることが示されていた（福島・吉川, 2012; 松下・浅野, 2007; 山口・中塚・星野, 2007）。

　では、いかにすれば、信頼関係を築き上げ、相互協力を達成することができるのか。この問いに答えることは難しく、様々な可能性が指摘されている。本書で注目しているのは、信頼関係や人間の集合行動の中での「コーディネーター」役の重要性である。

　たとえば、関係性を新たに築くときのことを考えてみる。一般的に、旧知の間柄に比べて、初対面の人との間には信頼関係を築くのが難しい。会ったばかりのその人物が果たして信頼に足る人物かどうか、自分を裏切ることがないかどうか、不安に感じることは多いだろう。こうしたとき、初対面のAさんとBさんの間に立つ「仲介者」の存在が、信頼関係の構築を促進することが指摘されている。**ジェームズ・コールマン**（Coleman, 1990）によれば、仲介者が信頼関係を促進するメカニズムには少なくとも次の二つがあるという。

　まず第1のメカニズムについて説明しよう。あなたが会ったばかりのAさんを信頼するべきかどうか悩んでいるとする。たとえば、あなたが自分で自分の農地で作業できないときに、機械のオペレーターとして代

わりに作業をしてもらう役をAさんに頼むべきかどうか。あなたはAさんがどんな人物かまだ十分には把握できていないために判断できずにいる。そんなとき、あなたとも旧知の間柄で、なおかつAさんのこともよく知る人物（Bさん）が「Aさんは、信頼できる人だ」とアドバイスをしてくれたらどうだろうか。自分の信頼するBさんの言葉であれば、そのBさんの信頼するAさんに対する信頼も多少なりとも高まるだろう。これは、Bさんという仲介者が存在することで、それまで必ずしも信頼できなかった初対面のAさんに対する信頼が高まることを示している。

　第2のメカニズムを見てみよう。今度はあなたが初対面のXさんを信頼するかどうか悩んでいるとする。Xさんは、もしかしたらあなたにとって不利益になるようなこと（たとえば、手抜き作業）をするかもしれない。しかし、Xさんとあなたの間に共通の知人（Yさん）がいて、その人がXさんを紹介してくれたのだとしたら、どうだろう。もしもXさんが手抜きをしたら、紹介してくれたYさんも恥をかくことになってしまう。そうなれば、Yさんも黙ってはいないかもしれない。そして、そのことはきっとXさんにもわかっているだろう。そうなれば、Xさんも手抜きをして既知の間柄であるYさんとの関係を壊すよりも、ちゃんとした仕事をしてくれるだろう、と期待できるようになる。この場合も、Yさんという仲介者の存在によって、初対面のXさんに対する信頼が高まっている。最初のメカニズム（「Aさんは信頼できる人だ」というBさんのアドバイスでAさんへの信頼が高まるメカニズム）と違う点は、Xさんが仮に自分勝手な人だとしても、Yさんが存在することで、Xさんも自己利益（ここでは、Yさんとの関係性）を守るためにちゃんと信頼に応えてくれると期待できる点である。

　コールマンのこの議論は、本書の考える「コーディネーター」役の果たす機能を例示している。他人が将来にどんな行動を取るか（たとえば、任せた農作業をちゃんとしてくれるかどうか）、常に確信を持てるわけではない。社会の中には、そうした不確実性が存在している。このために、本当はAさんやXさんが良心的な人物だとしても、そのことが

共通の知人がいれば初対面でも信頼されやすい

あなた（信頼するかどうか悩んでいる人）にはわからず、築けるはずの信頼関係を築くことができない恐れがある。こうした不確実性をできるだけ小さくすることで信頼関係を生じやすくし、より円滑な社会関係を築いていくことが、本書の考えるコーディネーターの役割のひとつである。

　すでに第1章で述べたとおり、普及指導員は、農村コミュニティの中でこうしたコーディネーター役を果たしている可能性がある。コーディネーター役、あるいは、「橋渡し役」が存在することで、それまで信頼関係のなかった者同士の間でも、信頼関係を築くことができるのではないか。また、揉め事が起こったときにも、当事者だけでなく第三者的立場にあるコーディネーターが存在することで、解決されやすくなるのではないか。また、それまでメンバー間にばらばらに散在していた知識や情報も集約されやすくなり、新しい知識やアイディアを生み出しやすく

なるのではないか。筆者らは、このようなコーディネーターとしての重要性を普及指導員の仕事に見出し、これまでにいくつかの社会心理学的調査を行ってきた。その調査の結果からわかったことは第4章で見ていくことにするが、本章では、それに先立ち、普及指導員の仕事について簡単に述べてみよう。

普及指導員ってどんな人？

　普及指導員とは、普及指導員国家試験を経て認定された都道府県の職員である。その数は2010年現在全国で約7,000名である。この普及指導員が担っているのが「農業技術経営に関する支援を、直接農業者に接し行う」普及事業である（農林水産省, 2012a）。図3－1の協同農業普及事業の仕組みにあるように、普及指導員は農林水産省や各都道府県の研究機関、農業大学校、都道府県主務課と連携してその事業を行っている。

　日本における普及事業は、1948年にアメリカの農業政策をモデルとして導入された。普及事業の目的は、農業者たちが自立した経営体として自主的に農業と生活を向上させるための支援を行うことにある（全国農業改良普及協会, 1992）。1948年に事業が導入されて以来60年以上にわたる普及活動を通して、日本の農村社会において固有の役割を果たしてきたと考えられている。

普及活動の歴史的変遷

　普及活動の内容も時代とともに変化してきた。病害虫防除、施肥など食糧増産のための技術指導を中心とした草創期（1948～1950年頃）に対して、1950年代後半から1960年代にかけては稲作中心の指導から畜産、果樹、野菜の技術指導、同時に経営指導への要請も高まった。また、1973年以降は、オイルショックを経て高度経済成長期が終焉し、専門的な技術指導や高度な経営指導だけでなく、農政の新たな展開に伴う

図3-1　協同農業普及事業の基本的な仕組み

○ 協同農業普及事業においては、都道府県が、普及指導員を普及指導センター及び試験研究機関、研修教育施設（農業大学校）等に配置し、それら機関及び関係機関等の連携の下、試験研究機関で開発された技術等について、地域での実証やマニュアル作成、講習会の開催等の活動を通じて、地域農業の技術革新等を支援。
○ 国は、都道府県との役割分担の下、運営指針の策定、交付金の交付、資格試験、研修、連携体制の構築等を実施。

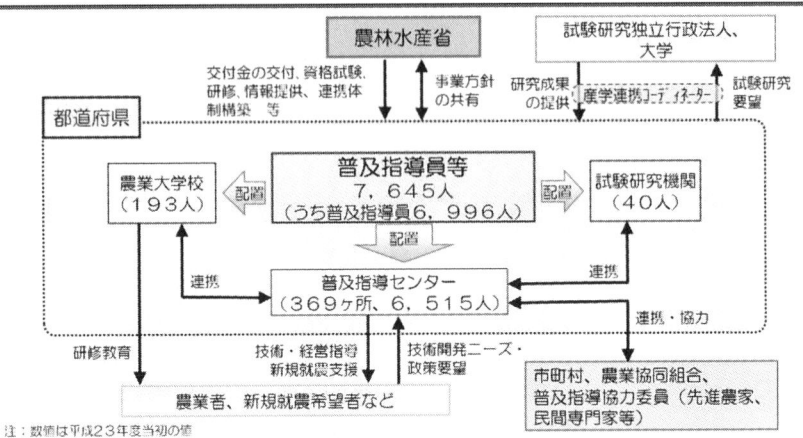

注：農林水産省普及事業ホームページより転載
http://www.maff.go.jp/j/seisan/gizyutu/hukyu/h_about/index.html [2012/07/08]

各種の奨励施策への対応も強く求められた。そして、1992年には農林水産省が戦後農政を全面的に見直し、21世紀に向けて農政の基本とする「新しい食料・農業・農村政策」（新政策）を発表するなど、普及活動の内容も大きく変遷を遂げてきた（普及活動の変遷に関しては、川俣[1997] の第2章に詳しい）。

こうした変遷はあるものの、農業施策全体の中での普及事業の役割は主に①知識・技術の浸透、②関係機関・団体との連携強化、③調査・実証研究が挙げられ（川俣, 1997）、それを実践する存在として普及職員が活動していることは現代まで通底している（図3-2）。

2004年5月に改正された農業改良助長法に基づいて、普及職員は「普及指導員」に一元化されたが、それ以前は「改良普及員」と「専門技術員」の2種類の普及職員に分かれていた。改良普及員はそのほとんどが地域農業改良普及センターに所属し、直接農業者に接して農業または農

第3章　普及事業とは～スペシャリスト機能とコーディネート機能～

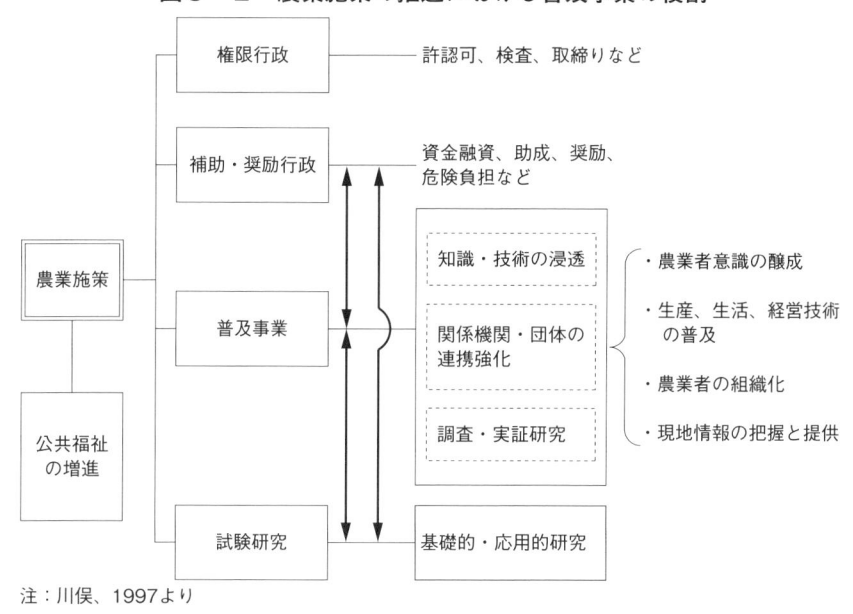

図3－2　農業施策の推進における普及事業の役割

```
                    ┌─ 権限行政 ────── 許認可、検査、取締りなど
                    │
                    │
                    ├─ 補助・奨励行政 ── 資金融資、助成、奨励、
                    │                    危険負担など
┌────────┐          │                  ┌─ 知識・技術の浸透 ──・農業者意識の醸成
│ 農業施策 │          │                  │
└────────┘──────────┤                  │                    ・生産、生活、経営技術
                    ├─ 普及事業 ────────┤─ 関係機関・団体の      の普及
┌────────┐          │                  │   連携強化
│ 公共福祉 │          │                  │                    ・農業者の組織化
│ の増進  │          │                  │
└────────┘          │                  └─ 調査・実証研究 ──・現地情報の把握と提供
                    │
                    └─ 試験研究 ────── 基礎的・応用的研究
```

注：川俣、1997より

　村生活の改善に関する普及指導を行ってきた。改良普及員はさらに2種類に分かれ、地域を担当する改良普及員と、専門事項を担当する改良普及員とに機能分担されていた。地域担当の改良普及員は、市町村や農業協同組合などとの連携を図りつつ、常に農業者に密着し、担当地域内の農業と生活についての総合的な普及指導を行っていた。専門事項を担当する改良普及員は、野菜、畜産、生活などの専門担当事項について、地域を担当する改良普及員と連携を取りながら管内全域にわたって高度な技術・経営に関する指導を行っていた（川俣, 1997）。

　一方、専門技術員は、試験研究機関、市町村、農業に関する団体、教育機関などとの密接な連携を保ち、専門の事項または普及指導活動の技術および方法について調査研究するとともに、改良普及員を指導することとなっていた。専門技術員となるには、国（農林水産省）が実施する資格試験に合格する必要があり、その受験資格を得るには四年制大学卒

なら10年間、短期大学卒なら13年間、高校卒なら17年間の農業（家政）に関する試験研究、教育、普及指導の経験が必要とされていた（川俣, 1997）。専門技術員は、多くの普及員にとっての「目標」となっていたようである。しかし、すでに触れたように2004年の農業改良助長法の改正に伴い、改良普及員と専門技術員は「普及指導員」に一元化された。もっとも、現在も専門技術員制度を残している地域もある。たとえば兵庫県では、専門技術員の活動として、①普及指導員への指導・支援、②試験研究と現場の普及活動をつなぐ、③行政施策推進を支援する、④調査研究の実施の４点を挙げており、より現場に近い普及指導員を背後から支える役割を担っている（兵庫県立農林水産技術総合センター, 2012）。

スペシャリスト機能とコーディネート機能

普及指導員の仕事は多岐にわたるものの、大きく分ければ先に挙げた三つの役割、すなわち①知識・技術の浸透、②関係機関・団体の連携強化、③調査・実証研究にまとめられる。ここでは、知識・技術の浸透だけでなく、関係機関・団体との連携強化も挙げられている点に注目したい。また、「協同農業普及事業の運営に関する指針」（平成22年４月９日農林水産省告示第590号）には、普及指導員が、①「スペシャリスト機能」と②「コーディネート機能」の双方の機能を併せ持つと明記されている。

スペシャリスト機能とは、「農業者に対し地域の特性に応じて農業に関する高度な技術及び当該技術に関する知識（経営に関するものを含む）の普及指導を行う機能」とされる。要するに、農業に関する技術的側面・知識的側面でのサポートである。一方、コーディネート機能とは、「地域農業について、先導的な役割を担う農業者及び地域内外の関係機関との連携の下、関係者による将来展望の共有、課題の明確化、課題に対応するための方策の策定及び実施等を支援する機能」とされる。これは、いわば農村コミュニティの社会関係資本を支えるためのサ

ポートである。すなわち、普及指導員に期待されているのは技術指導だけではなく、関係機関との連携やコミュニティ内外の協同を促進するコーディネーターとして機能することも含まれている。

また、普及活動は農業者だけではなく、社会全体の公的産業としての農業に働きかけるものとされている（藤田, 2010）。全国農業改良普及支援協会のホームページの「普及指導員は、こうした産地を発展させたり、新たな産地を作るよう農業者等を仕向けたり、さらに地元の農協や市町村と連携して、農業者の組織化支援などのコーディネート活動を行っています」という記述には、普及指導という仕事が日本の農村社会において人と人の心を「つなぐ」役割を担ってきた職務であることが示されている（全国農業改良普及支援協会, 2009）。

普及指導員の「つなぐ」仕事

では、普及指導員の「コーディネート機能」とは、どのようなものか。ここでは、少しばかりその例を紹介してみたい。

集落営農

まずは**集落営農**について、普及指導員・森本秀樹の取り組みに触れてみたい。集落営農とは、つまるところ、「集落を単位として、生産行程の全部または一部について共同で取り組む」農業の形態を指す（農林水産省, 2012b）。集落営農は年々増加し、2012年現在、14,000組織を超えている（農林水産省, 2012c）。そうした中には法人化する営農組織もあり、これも年々増加傾向にある。

こうした背景には、農業を取り巻く環境が厳しくなり、「地域や集落で何とかしよう」という考えから集落営農に取り組み始めた組織もある一方で、2007年度から始まった経営所得安定対策の要件に何とか合うようにしたいということで取り組み始めた組織もあり、多様なきっかけや目的があると指摘されている（森本, 2009）。また農業用機械の経費は高

「みんなで助け合う」ための集落営農

く、維持管理も大変であり、さらには高齢化して単独で経営主体として農業を担っていくことができない……などの農家が抱える現代的問題とも連動している。集落営農に取り組むことで、高価な機械を皆で共同購入し、維持管理を行うことができるのである（上田, 1994）。

また、機械を共同購入するという現実的なことばかりではなく、集落営農を進めることは新しい取り組みを促進し（上田, 1994）、「皆で10年後の農業を考え、目標を達成する手段」ともなる（森本, 2009, p. 52）。古くから農村では、田植え作業や屋根の茅葺き作業など、家族だけではできない仕事を親戚や地域で補い、皆で助け合う「結い」という取り組みが行われてきた。集落営農とはそうした「結い」の現代版として考えることができるのである（森本, 2009）。

こうした立場から、集落営農をつくり、そしてその後も成果を挙げて持続していくための一連の手法として、集落全員の声を聞き出す「全員

第3章　普及事業とは〜スペシャリスト機能とコーディネート機能〜

アンケート」、そして同年代の住人だけで話し合う「世代別座談会」、それに続く「個別調査」「ビジョンづくり」が提案されている。その詳しい内容は森本（2006）を参照してほしいが、たとえばそもそも集落営農とは何なのか（特に、「機械の共同利用」のことだけではなく、ビジョンの共有もふまえて）を関係者に説明する役割から、アンケート調査実施のサポートまで、各ステップに普及指導員が関与し、現代版の「結い」を構築していくための支えを普及指導員が提供していることがうかがわれる。

農業者の知恵をつなぐ：アフガンでの活動事例

別の例を紹介したい。アフガン（アフガニスタン）における活動例である。これは日本の中での普及指導員の活動ではないが、普及指導員の仕事の例として示唆に富む例であると思われる。

元・普及指導員の高橋修（コラム⑦担当）は、ペシャワール会の農業指導員として4名の日本人ワーカー（橋本康範・伊藤和也・進藤陽一郎・山口敦史）とともに2002年から2008年までの6年間、アフガンで農業支援にあたった。その詳しい内容は高橋（2010）に譲りたい。ここで紹介したいのは、そこでの取り組みの一例である。2005年秋、アフガンで農業支援にあたっていた日本人ワーカーの伊藤和也は、現地のムラの小麦の栽培の観察・調査を始めた。当初、伊藤は、日本から小麦の新品種を現地に持ち込むことを提案していたが、高橋の指示のもと、現地で成績の良い栽培の秘訣を探ることに方針転換していた。そして数ヶ月をかけたその観察の結果、複数の別々の農家から、いくつかのヒントを得ることができた。伊藤は、こうして得られた複数の情報をひとつの栽培技術として体系化し、小麦の収量を増やす大成功を収めた。

この成功について、高橋（2010）は次のように述べている。「特別に新しい品種とか技術を持ち込んだのではなく、単に農家の家々で行なってきた知恵を束ねたに過ぎない。農家個々が行なっている創意工夫は小さくても、それらを結集して体系化すれば、立派な成績を上げることが

できることが実証できた」(高橋, 2010, p. 107)。また、この成功をねぎらう高橋に、伊藤は次のように答えたという。「近所の農家が試験農場の出来栄えを褒めてくれるので、早播きはAさん、薄播きと小畦立てはBさん、中耕と土寄せはCさんとDさん、みんなの技術を活かして…と説明しています」(高橋, 2010, p. 109)。この例は、生産技術に関する仕事の例である。しかしその背後には、「つなぐ」仕事の重要性・有効性を明確に見て取れる。コーディネーターが介在することで、個々の農業者がそれまで積み重ねてきた知恵を集約し、整理し、体系化することができ、それによって過去にはできなかったことが可能となったのである。

レンタカウ

最後にもうひとつ、ユニークな試みを紹介したい。牛の放牧と、そのための牛をレンタルできるようにした「**レンタカウ**」という試みである。近年、農業従事者の高齢化や農家戸数の減少などによって、耕作放棄地や遊休農地が増加している。こうした放棄地は、周辺農地に病害虫発生などの悪影響を及ぼすのみでなく、景観の悪化などの原因ともなる。また、農地が荒れると獣が多くなり、獣害も深刻化する。こうした状態への対処として、牛を荒れた農地に入れることが提案された。

荒れた農地で牛を放牧することは、放牧牛が草のあるところへ自分で歩き、勝手に草を食べるため、草刈り作業の省力化が図れるなどのメリットがあることが指摘されている。また、荒れた農地の雑草を牛の栄養源として活用できるため、畜産農家の低コスト・省力化につながることも指摘されている(山口県柳井市, 2012)。

しかし当然のことながら、耕作放棄地や遊休農地を抱える全ての農家が牛を飼っているわけではない。そこでレンタカウの出番である。無家畜農家が牛の放牧を行う場合には、畜産農家や畜産試験場から牛の貸し出しが行われるというのである。この取り組みは山口県柳井市で始まり、今では全国各地に広まっている(藤野, 2010; 中原, 2005など参照)。

第3章　普及事業とは〜スペシャリスト機能とコーディネート機能〜

この展開の中で、普及指導員も積極的な役割を担ってきた。たとえば、大分県北東部に位置する国東半島の豊後高田市でも、みかんの荒廃園などでレンタカウが行われている。当初は、園地の下草刈りに要する膨大な労力が問題視されていた。この問題への対処として、普及指導員がレンタカウの導入を提案し、無家畜農家が牛を借りる手助けを行っている。当時の状況を吉田（2005）は次のように紹介している。

草刈り作業の省力化と獣害対策に有効な「レンタカウ」の試み

　　地元で生椎茸の人工栽培を行っていたMさんは、既に廃園となったみかん園を共有していましたが、毎年園地の下草刈りに要する膨大な労力を何とか解消したいとかねがね考えていたそうです。その際、相談を受けた地元の農業改良普及員が放牧を提案したことで、県下で初めてみかん廃園を活用した放牧地が誕生しました。
　　Mさんは無家畜農家であったため、農業振興普及センターが地元行政や大分県竹田市にある九州大学農学部付属農場の協力を得て、約3haのみかん廃園での放牧が始まりましたが、みかん廃園はみかんの運搬用に利用する作業道が隅々まで整備され、また、灌水用の水タンクなど放牧に必要なインフラが既に完備されているなど、放牧用地として非常に適していることが判り、関係者一同、意外な発見をしたような次第です。

また、草刈り作業の省力化だけでなく、獣害対策になることも指摘されている。滋賀県のある集落もいわゆる限界集落の状態にあり、農地が荒れていた。農地が荒れると獣が多くなり、獣害が深刻化する。この集落でも、サルの害が問題となっていた。普及指導員であった上田栄一

（コラム②担当）は、こうした状態への対処としてレンタカウの導入を提案した。サルは牛を見に来たり、世話をしたりする人間を警戒する。牛を荒れた農地に入れることで、サルが寄り付かなくなることが期待されていた。

そしてこのレンタカウの実践は、サル害の軽減だけでなく思わぬ副産物を集落にもたらした。集落の住人同士の交流が再活性化し、一体感を取り戻したのである。牛を導入した以上、その世話を皆で行わなければならない。そのためのコミュニケーションが必要となった。牛の世話に関する「連絡帳」も用意され、会話も増えた。また、導入した牛が子牛を生むと、集落外に出ていた子が家族を連れて子牛を見に帰ってくるようになったというのである。そこで牛を眺めるためのベンチが置かれた。荒れた農地だったその場所は、いつしか集落の憩いの場となった。牛は、集落の中の（そして集落の外に出ていた家族との間の）つながりを復活させたのである（内田, 2009, p. 43）。言うまでもなく、この「つながり」は、社会関係資本として様々な協力行動に発展する土台となる。

「つながり」を育てるワザと知恵

以上、わずかではあるが、レンタカウの導入など、コーディネーターの仕事の一部を見てきた。誤解のないように述べておく必要があるが、筆者は何もレンタカウの導入そのものを推奨しているわけではない。レンタカウは確かにユニークで興味深いアイディアである。しかし、どこの集落でもレンタカウさえ導入すれば良いかといえば、残念ながら物事はそれほど簡単ではないだろう。前節では、牛の世話が必要になった結果、住人同士のコミュニケーションが増し、コミュニティの一体感が高まったと述べた。しかし、ここでの牛はひとつの公共財である。牛がいてくれれば雑草が減り、サル害が減り、皆がその利益を得る。その公共財（牛）の維持のためには、誰かがコストを払って世話しなければなら

第3章　普及事業とは〜スペシャリスト機能とコーディネート機能〜

ない。すなわち、これは公共財問題の構造を持ち、「サボり」が発生してもおかしくない状況なのである。上田の担当していた集落では、レンタカウの導入が（思わぬ副産物を含めて）良い成果をもたらしたが、そうなるためにはいくつかの条件が存在していただろう。その条件をここで筆者が特定することはできない。ある集落が獣害と過疎化に悩んでいるとき、そこにレンタカウを導入すればうまくいくのか否か、その見極めにはその集落の状況に関する知識と、多岐にわたる「経験と勘」が必要である。本書で注目しているのは、その知識と経験と勘の担い手としての普及指導員の役割である。

星野（2008）は、農業社会の中で関係性構築の「**暗黙知**」を持つ者として普及指導員が存在していると指摘している。暗黙知とは、経験を介して獲得される知識のことで、言葉では表現しにくく、他の人に言語的に伝えることが困難な知識である。つまり、「教科書」や「マニュアル」に載せにくい知識のことである。もしレンタカウを導入しさえすれば常にサル害が減り、しかもコミュニティが活性化するのであれば、話は簡単である。「レンタカウを導入すべし」とマニュアルに書けば良い。これは、言語化できる知識である。しかし、話がそう簡単でないからこそ、様々な暗黙知を身につけたプロのコーディネーターが必要となるのである。暗黙知そのものが言葉にしにくく、マニュアル化にしにくいものだとしても、その「暗黙知の担い手」が確保できれば、問題の解決は可能となる。

もちろん、全ての普及活動がいつも成果をもたらすわけではなく、全ての普及指導員が完璧なコーディネーターであるわけではないだろう。どのような仕事でもそうであるように、「できる人」と「できない人」は存在するだろう。問題は、どういう特徴を持つ普及指導員がコーディネーターとしての力を発揮しやすいのか、である。次の第4章では、こうした問題意識も含めて、社会関係資本とそのコーディネーター役としての普及指導員の役割に関する問題にアプローチするべく筆者らの行ってきた調査について紹介する。

ここまで、「つなぐ」仕事の成果のいくつかの例を見てきた。しかし、これらはあくまでもうまくいったエピソードの例に過ぎない。果たして、普及指導員の「つなぐ」仕事は、本当に期待されているような効果を持っているのだろうか。本当に社会関係資本は農村コミュニティの問題解決の上で有用なのだろうか。また、そうした「つなぐ」仕事で成果を挙げやすい普及指導員とは、どのような特徴を持つ普及指導員なのだろうか。こうした問題について次章で詳しく論じたい。

コラム❸
すべては信頼の醸成から始まる

全国農業改良普及職員協議会顧問　滝沢 章

　異動して間もなく（1983年）、担当地域の篤農家を訪問したところ、「普及員はお断り」と、けんもほろろに玄関払いされた。普及所に戻り報告すると、ある事業認定に絡み、事前調査の段階で県の調査員が「お墨付き」を匂わせ、篤農家を安心させてしまった。ところが審査結果は不可であり、篤農家はメンツをつぶされてしまった。それ以来、普及所はつきあいを絶たれ、関係機関も同様に近づきがたい状況にあることを知らされた。

　篤農家は地域で大きな影響力を持っていた。そこで、関係修復に向け「近くに来ました」「こんなことで地域を回っています」など、顔を合わせる機会を増やすことに努めた。あるとき、皇太子殿下がご臨席された農業青年全国大会で、お嬢さんと一緒だったことを思い出し、その記念写真を持って訪問した。何気なく写真をお見せすると、顔が和らぎ、初めて応接間に招じ入れられた。当時の思い出話を伝えると大変喜ばれ、家族とも打ち解けて話をすることができた。普及所に帰り経過を報告すると、所員は一様に驚きの目を向けた。

　その後は、訪問するたび「調べてほしい」と宿題をもらったり、「経営の状況」「地域が抱える農業問題」を少しずつ教えてもらうなど、話題が激変したことは言うまでもなく、ようやく普及員として本来の話ができるようになった。

　当時の普及活動は地域指導班体制と言い、普及計画は地域課題（地域振興課題）と専門課題（技術課題）の二階建てで構成されていた。地域課題は一定地域をモデル地域に設定し、5ヶ年にわたり総合的な農業振興と地域の活性化に取り組むコーデイネート活動であり、2年後には地域の指定替えが控えていた。

　地域班では、次期モデル地域を絞るため、当該篤農家の地域を候補地として現状と問題点、農業振興計画、行政事業の導入経過、普及活動の経過、人

間関係などを点検し、実態の輪郭を明らかにした。それらをふまえ、地域のあり方について篤農家に意見を求めたところ、待ってましたとばかりに持論を展開され、普及所をはじめ関係機関に対する期待が具体的な言葉となって私に向けられ、次の展望につながった。この様子は速やかに市役所や農協につなげ、モデル候補地としての調整がとんとん拍子に進み、農業者と関係機関との合意のもとで正式な決定にこぎ着けた。そして、モデル化の推進協議会会長には篤農家氏が選出され、リーダーシップを遺憾なく発揮された。氏は普及活動のよき理解者であるとともに、厳しい監視役でもあり、怠慢な行為に対し怒鳴り込まれたことも二、三度はあった。農業者の声を真摯に受け止め、お互いの琴線に触れ合う努力で信頼を醸成したことで、本来の普及活動の土壌を取り戻すことができた。

　我が国の農業改良普及事業は、米国の普及制度を土台に創設された。近年までは「普及事業は教育である」との理念を掲げ、教育学、心理学や社会学などの知見に学び、様々な活動手法を創出してきた。しかし、心理学などの分野から普及活動そのものが研究対象に取り上げられたことは、皆無に近かったと思われる。また最近では、普及制度そのものが研究対象から遠ざかっている危惧さえ感じている。そのような中で、「普及」概念の応用性に着目され、その可能性を示唆されたことは、普及事業の社会的評価を高め、普及関係者を勇気づけるものである。普及指導員には本書を熟読され、勇気を持って新たな道を切り拓く一助にしてほしいと願わずにはいられない。

コラム❹
普及指導員とは？ 地域農業の変革を支える人たち

農林水産省農林水産技術会議事務局総務課調整室　課長補佐　**大石 晃**

　我が国の農業は、所得の減少、担い手不足の深刻化や高齢化といった厳しい状況に直面し、地球温暖化への対応など、農業現場における新たな課題が次々と顕在化している。

　このような先行きが見えない時代には、農業者や産地に対し、高い専門性に裏打ちされた適切なアドバイスを行える人材が必要とされているのではないか。

　こう考えると、日頃から農業者に接して普及指導活動に従事する普及指導員は、農業分野における高度な技術・知識を有し、かつ、農業現場の実情を最も把握している者であり、農業者を支える人材として、普及指導員への期待は、ますます高まっているのではないかと感じている。

　普及指導員とは、どのような役割を期待されているのか。「農業技術の専門家」、「地域農業のコーディネーター」など、様々な言い方があるが、普及指導員の役割は多様であり、端的に言い表すのはなかなか難しい。

　農林水産省では、平成22年4月に農林水産大臣告示として定めた「協同農業普及事業の運営に関する指針」において、普及指導員の役割を、スペシャリスト機能とコーディネート機能両機能を併せて発揮し、技術を核として、農業者と消費者等との結び付きの構築を含め、地域農業の生産面、流通面等における革新を総合的に支援する役割を果たすと定義している。

スペシャリスト機能：農業者に対し地域の特性に応じて農業に関する高度な
　　　　　　　　　　技術及び当該技術に関する知識の普及指導を行う機能
コーディネート機能：地域農業について、先導的な役割を担う農業者及び地
　　　　　　　　　　域内外の関係機関との連携の下、関係者による将来展
　　　　　　　　　　望の共有、課題の明確化、課題に対応するための方策
　　　　　　　　　　の策定及び実施等を支援する機能

　つまり、単なる農業技術の専門家や農業者の相談相手にとどまらず、技術

を核にしながらも地域農業がより良き方向に変わっていくよう支援する役割を期待しているのである。

　このような役割を果たすため、普及指導員にはどのような能力が必要になるのであろうか。農業技術や農業政策を熟知していることはもちろん、環境保全型農業、地球温暖化、省エネなど時代の新たな課題に敏感であることも必要だろう。

　しかしながら、地域農業をより良き方向に変えていくために必要な能力は、農業者と信頼関係を構築するコミュニケーション能力であり、農業者をやる気にさせる能力ではないだろうか。この能力を測定するのは極めて困難であるが、様々な分野の著名な普及指導員にお会いするたびに、深い知識ばかりでなく、そのコミュニケーション能力と説得力、さらにはエネルギッシュなバイタリティに魅了される。こういう普及指導員が農業者や地域をその気にさせているんだなといつも感心してしまう。

　では、そのような普及指導員はどのように形づくられるのであろうか。当然ながら、一朝一夕に身につくものではなく、様々な経験が必要だろうが、身につけるためのポイントは、農業者といかに接していくかではないだろうか。

　私自身、富山県庁に出向し、改良普及員として普及活動に従事した経験があるが、様々な農業者と接する中で、多くの経験をさせていただいた。答えられない質問に窮したり、自分が指導したことが原因で期待していた収量が上がらず、農業者をがっかりさせたり、今思い出しても逃げ出したくなるような苦い経験の積み重ねであった。

　今思えば、このような厳しい経験を重ねていくからこそ実践的な知識やコミュニケーション能力などが身につき、精神的にもタフになっていくのだなと感じている。

　普及活動の経験が浅い普及指導員の方の中には、農業者との接し方に戸惑いを感じていたり、技術・知識が不足していることに悩んでいる方もいらっしゃることだろう。しかしながら、普及指導活動を行っていく中で一定程度の経験と知識を身につけた普及指導員であれば、これほど農業者の笑顔に出会える仕事もないのではないか。ぜひ、日々の普及活動に邁進いただき、普及指導員として喜びや醍醐味を感じていただきたいと切に願っている。

第4章

社会心理学調査から見る「つなぐ」仕事の実像

調査の目的

　これまで見てきたとおり、人と人を結ぶ社会的な「つながり」は、ハードな資本（土地や建物、道路といったモノ）と違って見えにくく捉えにくいが、農村コミュニティにとっては非常に重要な役割を果たしていると考えられる。そして普及指導員は、農業技術の指導にとどまらず、様々な社会関係の「コーディネーター」としての役割も期待されており、この目に見えにくい「つながり」の構築・維持を助けることをその職務のひとつとしている。

　しかし、普及指導員の社会的コーディネーターとしての役割と農村コミュニティにおいて果たしている機能は、エピソード的な報告や普及指導員の間で共有されている成功事例などでは語られているものの、客観的な検討がなされてきたとは言いがたい。

　こうした現状に対し、筆者らは、普及指導員を対象とした一連の調査を実施し、農村コミュニティの中で普及指導員の果たしている社会的役割について検討を行うことにした。以下、この一連の調査で検討してきた具体的な研究課題（リサーチ・クエスチョン）を挙げてみる。

　クエスチョン１．「つなぐ」普及活動の効果は？

　農村コミュニティの生活をより良いものにするという目的のもと、多様な普及活動が日常的に展開されている。本書で注目したいのは、その中でも「コーディネート機能」に関わる普及活動、すなわち、農村コミュニティの社会関係資本に関わる普及活動である。繰り返し述べてきたとおり、社会関係資本とはとかく見えにくく、客観的な数値で捉えることが難しい。そうした「捉えにくい」ものに働きかける普及活動の真の効果もまた、見逃されていることはないだろうか。

　普及指導員の担う機能のうち「スペシャリスト機能」は、農業に直接的に関わる知識や技術を伝えることである。これも物理的な設備や道具の提供に比べれば捉えにくいものではある。しかし、学校教育の重要性

第4章　社会心理学調査から見る「つなぐ」仕事の実像

が広く認識されているように、こうした知識・技術の伝授の重要性は比較的受け入れられやすいと思われる。その一方で、社会関係資本の重要性は指摘され始めてまだ日が浅く、さらにそれを構築・促進することの重要性は十分に認識されていない恐れがある。そこで今回の調査では、過去に実施した普及活動について普及指導員にたずね、様々なタイプの普及活動がそれぞれどのような効果を挙げているかを分析し、社会関係資本を助けるための普及活動が果たして効果的なのかどうかを検討した。

クエスチョン２．どのような普及指導員が「つながり」をもたらすのか？

本書では農村コミュニティの社会関係資本、あるいは「つながり」に働きかける普及指導員の役割に注目しているが、全ての職業でそうであるように、必ずしも全職員が最高レベルの仕事を実現できるわけではない。思うようにいかずに悩む普及指導員もいるだろうし、逆にいわゆる「カリスマ普及員」と呼ばれるような成果を残している人もいるだろう。そこで二つめの問いは、どういった普及指導員が社会関係資本を育みやすいのだろうか？というものである。ここでは、普及員の能力や行動、さらには普及員を取り囲む状況・環境の影響について検討する。

クエスチョン３．住民同士の信頼関係は、本当にコミュニティの生活を向上させる？

ここまで普及指導員の活動と社会関係資本の関係を論じてきた。その前提として、社会関係資本には農村コミュニティ住民の生活を向上させる効果があることが想定されていた。たとえば信頼関係（社会関係資本の一種）があれば口約束で済む話も、信頼関係がなければ互いの裏切り行為を未然に防ぐための様々な公的な手続き（たとえば契約書）を踏まなければならない。さらに、信頼関係の不在は、こうした「余計な手間」をかけさせるだけではない。信頼関係なくしてはそもそも「始まらない」こともある。たとえば農業用の灌漑システムの構築などもその一例であろう。こうした公共財の構築や維持には、協力関係すなわち「助け合い」が必要不可欠で、助け合いは信頼関係なくして生まれない。住

民同士が互いに不信の目を向け合っている状況で、果たして誰が灌漑システムを構築しようなどと言い出すだろうか。信頼関係は、人間の社会生活の根本的な基盤となるはずである。

　事実、第2章でも見たように、社会関係資本とコミュニティでの生活の向上や問題の解決（たとえば、主観的健康の促進）との関係は様々な形で検討されてきた。ただし、これまでの検証方法には限界もあった。それは、社会関係資本とコミュニティでの生活の向上などの間に「関係がある」（相関がある）ことは示してきたものの、「因果関係（どちらが原因で、どちらが結果になっているか）」の検討は必ずしも十分ではなかった点である。つまり、果たして本当に「社会関係資本がコミュニティの生活レベルを向上させている」のか、それとも、「生活レベルの高いコミュニティでは社会関係資本が醸成されやすい」のかは、十分に明らかにされてきたわけではなかった。

　この二つの因果の方向は、よくよく考えれば全く意味が違う。もし事実が想定とは異なり、「生活レベルの高いコミュニティでは社会関係資本が醸成されやすい」ということならば、生活レベルを向上させるために社会関係資本を高めようとすることには意味がないことになってしまう。

　具体的な例で考えてみよう。たとえば、架空の体操方法「やまざる体操」とダイエットの成果の関係について考えてみる。Aさんたちはやまざる体操がダイエットに良いと聞き、実践することにした。その結果、やまざる体操を実践した時間の長さと、ダイエットの成果（体重減少）に相関関係が見られた（やまざる体操を長くやった人ほど、体重減少が大きく見られた）とする。そのデータを見たAさんたちは、やはりやまざる体操は体重減少に効果があった、すなわち、やまざる体操が原因で、体重減少が結果であると考えるだろう。

　これが本当であれば、ダイエットを成功させるためには、頑張ってやまざる体操をすればいいことになる。しかし、もしも因果が逆だったとしたらどうだろうか。実は、やまざる体操は体重減少には何の効果もな

第4章　社会心理学調査から見る「つなぐ」仕事の実像

因果関係はわからない

く、別の理由でたまたま体重の減った人が、「これはやまざる体操の効果だ！」と信じてやまざる体操を好きになり、その分だけやまざる体操を実践するようになったのだとしたら？　やまざる体操なる謎の体操方法には何の効果がないとしても、逆の因果（体重減少→やまざる体操実践）が存在することにより、相関関係が生じることになってしまう。この場合、やまざる体操を実践することは、残念ながら徒労となってしまう。

　これと同様に、コミュニティの社会関係資本と生活レベルの関係に関しても、相関関係があることを確認するだけでは必ずしも十分ではない（もちろん、相関があるのかないのか確認されないよりは確認された方が良いが）。そこで、本研究では、社会関係資本の中でもコミュニティ住民同士の信頼関係に着目し、生活レベルとの因果関係を検討することとした。

クエスチョン４．普及指導員にとってのロールモデルは？

　第４の検討課題として挙げたいのは、普及指導員にとってどういった存在が「ロールモデル」、すなわち「見習うべきお手本」となるのかである。もし、コーディネーターとしての仕事が、彼らの仕事の中で重要な役割を果たしているのであれば、そうした仕事に関わる特性・能力・技量を備えた人物こそが、普及指導員同士の間で尊敬されやすいのではないだろうか。普及の知恵とワザの伝授に向けて、まずはどのような特徴を持つ普及指導員が同僚にとってのロールモデルになりやすいかを検討してみたい。

　普及活動に必要な知識・スキルに関する文書は多くあり、本書もそのひとつに（願わくば）数えられることだろう。先人たちの蓄積してきた価値ある経験・知識・知恵を体系的にコンパクトにまとめたもの、それがマニュアルや教科書であり、そうした文書を読むことで学べることは多い。しかし、日々の業務に必要な知識・スキルは、果たしてそうしたマニュアルや教科書といった媒体から全て学ぶことができるものであろうか？「言葉で伝えられるヒント」に価値があるとしてもなお、言語化しにくい知恵、「体で覚える」ワザ、そういったものが実際の日々の業務の中で果たす役割が非常に大きいことに異論を唱える人は少ないだろう。

　しかし、知恵やワザが言語化しにくいからといって悲観することはない。知恵やワザそのものが明確に語りにくいものだとしても、そうした知恵やワザを獲得するための方法さえ明確になっていれば、その獲得は可能である。自転車の乗り方そのものを言葉で語ることが困難だとしても、自転車の乗り方を覚えるためのトレーニング方法さえ明確になっていれば、自転車の乗り方を覚えることは可能である。

　知恵やワザを後進に伝えるための方法のひとつとして挙げられているのは、**OJT**（**On the Job Training**, 仕事をさせながらトレーニングをする）である。様々な業界でOJTの重要性が指摘されており、普及指導員の世界も例外ではない（近畿ブロック普及活動研究会, 2010）。現場で先

輩とともに普及活動を実践する、あるいは、先輩の仕事をすぐ横で直に見る、そうした経験の中で学ぶことは多いだろう。そこで必要不可欠なのが、「先輩」の存在である。またOJTに限らず、アドバイスをもらえる優れた同僚が身近に存在することは、各自の仕事を進める上で大きな助けとなる。そして、尊敬に値する優れた同僚の存在は、自らの成長の方向を示す「指針」になり、また成長への動機づけを高める「刺激」ともなる。「自分もこうありたい」と思える存在、すなわちロールモデルは、世代を超えて普及の仕事が受け継がれていく中で、非常に重要な役割を果たしていると考えられる。

クエスチョン5．普及指導員自身の喜びとは？

農村コミュニティにおける社会関係資本が重要であるとして、そしてそのコーディネーターが普及指導員であるとして、その普及指導員の日々の仕事へのモチベーションは何に影響されるのであろうか。あるいは、普及指導員は、どのようなときに喜び、どのようなときに悲しみを経験するのか。

このことを調べるため、普及指導員の日々の業務の中での感情経験について測定し、同時にそうした感情経験に何が影響しているのかを検討した。普及指導員も、ごく当然のこととして、毎日の業務の中で様々な感情を経験していることだろう。喜び、悲しみ、幸福、後悔、怒り、誇りなど、様々な感情が様々な形で現れ、そのことはまた仕事へのやる気にも影響すると考えられる。彼らの感情経験の背景を知ることは、ひいては普及指導員の仕事の原動力を知ることにつながるだろう。

調査の概要

以上の5点をリサーチ・クエスチョンとし、これを検討するために2010年の夏から秋にかけて全国の普及指導員を対象とした一斉調査を実施した。この調査では、担当コミュニティの現状（たとえば住民同士の信頼関係）、自分の実施してきた普及活動のタイプ、普段の業務の中で

の感情経験など、様々なトピックスに関わるデータが収集された。普及指導員を対象とした社会心理学的研究としては初めての試みとなるこのプロジェクトでは、先述の全国調査（普及－全国調査）を主軸としつつ、この他に3回にわたる調査を実施した（表4－1）。

そのうちの二つが、2009年に近畿6府県で実施された調査（普及－近畿調査）、ならびに、2011年に愛知県で実施された調査（普及－愛知調査）である。一回の調査でわかることは決して多くない。たとえば、ある調査である結果が得られたとしても、その結果が「偶然のもの」である不安は常につきまとう。しかし、繰り返し調査を行う中で同じ結果が何度も確認されれば、その結果が単なる「偶然のもの」ではなく、より「確かなもの」である確率は高まることとなる。2010年の全国調査だけでなく、時期をずらして近畿ならびに愛知で調査を繰り返したことの第一の目的は、結果の頑健性を確認することにあった。

この近畿調査ならびに愛知調査にはもうひとつ、しかもより重要な目的があった。それは、時期をずらして実施された全国調査のデータと組み合わせることで、「時間」という情報を含むパネル・データとして分析することにあった。後に詳述するが、近畿調査（2009年実施）、ならびに愛知調査（2011年）の回答者の一部は、2010年に実施された全国調査にも回答していた。つまり、これらの回答者については、2回分（2時点）の調査データを持っていることになる。時系列を含むパネル・データでは、ただの相関ではなく因果の特定を行う統計的処理が可能となる。これにより、先に紹介したクエスチョン3、すなわち、コミュニティ内の信頼関係と生活レベルの因果関係に関する問題に答えられるようになるのである。

さらに、普及指導員にとってのロールモデルの特徴を調べるにあたり、普及指導員以外の公務員を対象とした調査も実施した。これはクエスチョン4のために実施されたものである。普及指導員の特徴を捉えようとするならば、別の職業群と比較することが必要である。この調査では、他種の公務員（事務職、技術職、教員）を比較対象として設定し

第4章　社会心理学調査から見る「つなぐ」仕事の実像

表4－1　各調査の対象者の概要

		普及-全国調査	普及-近畿調査	普及-愛知調査(注1)	公務員-全国調査
実施時期		2010年9～10月	2009年7～8月	2011年10月	2010年3月
調査対象		普及指導員	普及指導員	普及指導員	公務員(注2)
調査地域		全国	近畿6府県	愛知県	全国
有効回答者数		4,355	319	101	2,239
有効回収率		60%	52%	54%	30%
回答者の性別	女性	23%	18%	68%	23%
	男性	60%	63%	26%	77%
	無回答	17%	19%	6%	0%
回答者の年齢	20代	6%	3%	6%	6%
	30代	18%	18%	16%	33%
	40代	37%	35%	61%	36%
	50代	24%	24%	16%	22%
	60代	1%	2%	0%	3%
	無回答	13%	18%	0%	0%
その職種での経験年数(注3)	Ⅰ期	11%	6%	16%	11%
	Ⅱ期	16%	15%	16%	18%
	Ⅲ期	15%	17%	6%	15%
	Ⅳ期	38%	44%	58%	56%
	無回答	20%	18%	3%	0%

注1：普及-愛知調査では、普及-全国調査で収集されたデータと照らし合わせて時系列変化の分析を行うことを主たる目的としていた。そのため、回答者の負担を少なくする目的で、普及-愛知調査では性別・年齢・経験年数に関する質問が割愛された。普及-愛知調査の有効回答者数は全体で101名であったが、時系列分析の対象になるための基準を満たしたのは31名であった。そこで「回答者の性別」欄以下では、この31名に関する結果を掲載する。
注2：調査会社「日経リサーチ」登録の公務員。このうち、事務職が1,129名、技術職が482名、教員が432名、普及指導員が16名、嘱託が46名、その他が134名含まれていた。普及-全国調査のデータと比較しているpp.99～103の分析では、普及指導員16名は普及-全国調査と合成して「普及指導員」グループとし、嘱託46名とその他134名は分析から除外した。
注3：Ⅰ期＝経験年数3年まで、Ⅱ期＝4～10年、Ⅲ期＝10～15年、Ⅳ期＝15年以上（平成3年4月11日付農蚕園芸局長通達「協同農業普及事業基本要綱の運用について」の分類に基づく）

た。普及指導員にとってのロールモデル、そして他の公務員にとってのロールモデルを調べ、それらを比較することを通じて、普及指導員にとってのロールモデルの特徴を浮き彫りにしてみたい。

「つなぐ」普及活動の効果は？（クエスチョン１）

　普及－全国調査では、回答者である普及指導員に自らの過去の経験の中で実践した普及活動について尋ねている。特に、数ある普及活動上の経験の中でもとりわけ「難しい課題に直面した」ときのことを思い返してもらい、そのときに実践した普及活動を尋ねていた。どのような普及活動が実践されやすいかを確認するために、まずはその結果を見てみたい。

　普及－全国調査では、普及活動のタイプを13種類に分け、そのリストを回答者に提示した。その上で、「難しい課題に直面した」と感じた事例の中で、各タイプの活動を実施したかどうかを尋ねた。図４－１は、それぞれのタイプの普及活動を実施したと回答した普及指導員の割合を示している。

　図４－１から見て取れるように、最も実施されやすかったのは「**関係機関との連携調整**」と「**生産技術の紹介**」であった。この２種類の活動は、いずれも60％以上の回答者が実践している。「生産技術の紹介」はまさに普及活動における「**スペシャリスト機能**」に直結する支援であると考えられる。一方で「関係機関との連携調整」は普及活動における「**コーディネート機能**」の一環で、農村コミュニティと行政組織などの機関を「つなぐ」仕事であり、いわば「**橋渡し型**」の社会関係資本に関わる活動だと見ることができる。一方、農村コミュニティ内の社会関係資本、すなわち、「**結合型**」の社会関係資本に対する働きかけであると思われる「**農業者同士の連携**」のための活動はどの程度実践されているかというと、40％を上回る回答者が実践したと回答していた。

　ただし、よく実践されている活動が効果的な活動であるとは限らない。では、効果的な普及活動とは、どのようなものだろうか？　以下、

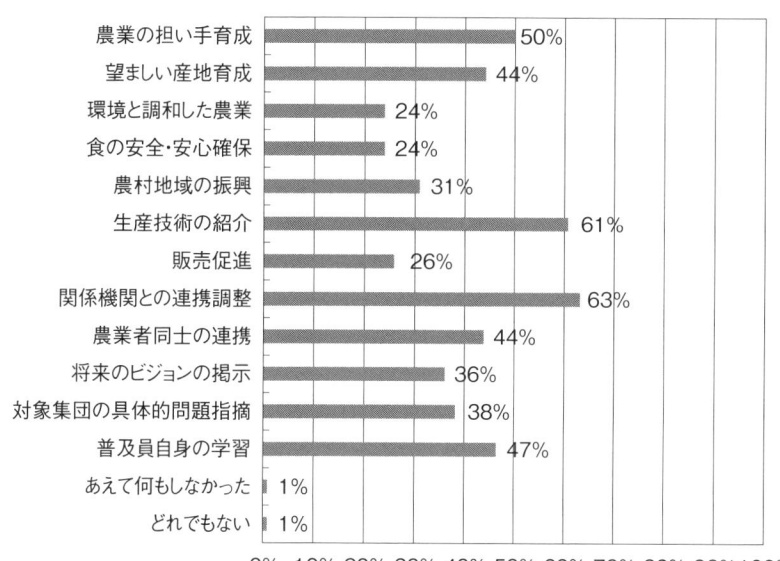

図4-1 回答者が経験した過去の難しい事例で実施された普及活動

- 農業の担い手育成 50%
- 望ましい産地育成 44%
- 環境と調和した農業 24%
- 食の安全・安心確保 24%
- 農村地域の振興 31%
- 生産技術の紹介 61%
- 販売促進 26%
- 関係機関との連携調整 63%
- 農業者同士の連携 44%
- 将来のビジョンの掲示 36%
- 対象集団の具体的問題指摘 38%
- 普及員自身の学習 47%
- あえて何もしなかった 1%
- どれでもない 1%

少し細かくなるが、この調査で用いた測定方法と分析方法について述べてみたい。

普及－全国調査では、過去の困難な事例で自分の実践した普及活動について尋ねるとともに、そのときの普及活動全体の成果についても次の4項目を用いて測定を試みた。すなわち、

① 全体的に言って、そのときのあなたの働きに、あなた自身はどれくらい満足できましたか？[1]
② 全体的に言って、そのときのあなたの働きに、対象集団（地域）の人々はどれくらい満足していたと思いますか？[1]
③ この事象全体において、地域の人や対象集団の人から感謝を示されましたか？[2]
④ この事象全体において、地域の人や対象集団の人はどのぐらいあなたの働きに喜んでいたと思いますか？[3]

のそれぞれに対する回答を求めた。分析に際しては、①②を平均して「満足度」、③④を平均して「対象からの感謝・喜び」という二つの変数を作成した。[4]

　以上のような形で作成した2変数（満足度、ならびに、対象からの感謝・喜び）は、そのときの普及活動全体を通しての成果を反映していると考えられる。それでは、どのような普及活動を実践したときに、特に成果が挙がりやすかったのだろうか？これを調べるために、次の分析を行った。

　まず、あるタイプの活動を実施したとする回答者と、実施しなかったとする回答者の「満足度」と「対象からの感謝・喜び」を比較した。たとえば、「生産技術の紹介」を実施した回答者もいれば、実施しなかった回答者もいる。この2グループそれぞれについて「満足度」と「対象からの感謝・喜び」を算出し、グループ間で比較したのである。そして、この比較を通じて効果量（effect size）と呼ばれる統計的指標を算出した。効果量とは、端的に言えば、グループ間の差の大きさを表している（図4－2参照）。先ほどの例で言えば、「生産技術の紹介」を実施したグループと実施しなかったグループを比べたときに、「満足度」や「対象からの感謝・喜び」がどのくらい違っていたか、それを表しているのが効果量である。もしも生産技術の紹介が大きな効果を持っていれば、実施したグループでの満足度や対象からの感謝・喜びは、実施しなかったグループのそれと比べて数値が高く、その差が大きければ効果量は大きくなる、といった具合である。[5]

　図4－3は、各タイプの普及活動の効果量を示している。効果量は縦軸に示されており、バーが高ければ高いほど、その活動は「成果をもたらしやすかった」ことを意味している。

　図から明らかなように、全体として、「対象からの感謝・喜び」に対しては、「満足度」に対してよりも、効果量が大きくなっている。しかし重要な点は、どのタイプの普及活動が相対的に大きな効果量を持ちやすいかに関しては「対象からの感謝・喜び」でも「満足度」でもほぼ一

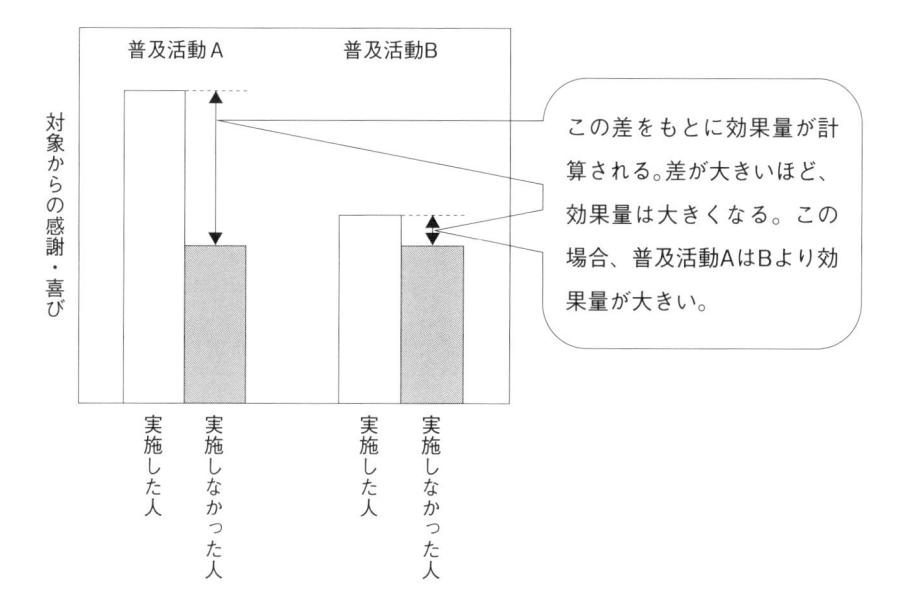

第4章　社会心理学調査から見る「つなぐ」仕事の実像

図4-2　効果量（effect size）とは

［図：普及活動Aと普及活動Bの「対象からの感謝・喜び」について、それぞれ「実施した人」と「実施しなかった人」の棒グラフ。吹き出しに「この差をもとに効果量が計算される。差が大きいほど、効果量は大きくなる。この場合、普及活動AはBより効果量が大きい。」と記載］

貫したパターンが得られていることである。たとえば、「対象からの感謝・喜び」に対して効果を持ちやすいのはどのタイプの普及活動だろう

注釈（1）0～100点の範囲で回答。
　　（2）0（全く感謝されなかった）～3（かなり何度も感謝された）の範囲で回答。
　　（3）-3（全く喜んでいなかった）～+3（かなり喜んでいた）の範囲で回答。
　　（4）③と④では回答尺度の範囲が異なった（③が0～3、④は-3～+3）。そこで、それぞれの項目に対する回答を尺度幅に対する比率（0～1）に変換してから平均した。
　　（5）ここで算出している効果量はCohen's dである。各活動を実施したかしなかったかを独立変数、「対象満足度」あるいは「対象からの感謝・喜び」を従属変数とするt検定を実施し、各独立変数の効果量dを算出した。一般に、この値が「.20」を超えると「小さい効果」、「.50」を超えると「中程度の効果」、「.80」を超えると「大きい効果」だと言われる。

図4-3　満足度ならびに対象からの感謝・喜びに対する各タイプ普及活動の効果量

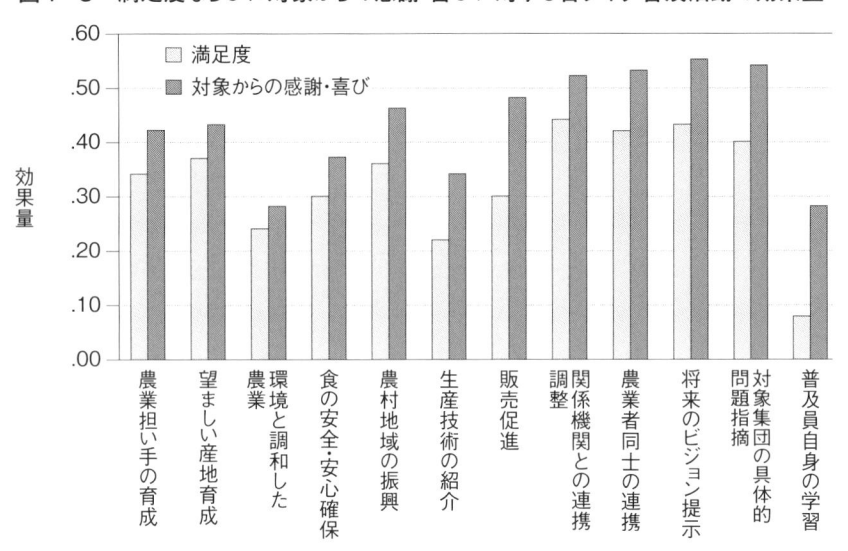

図4-4　満足度ならびに対象からの感謝・喜びに対する「生産技術の紹介」の効果量と普及活動の対象のタイプ

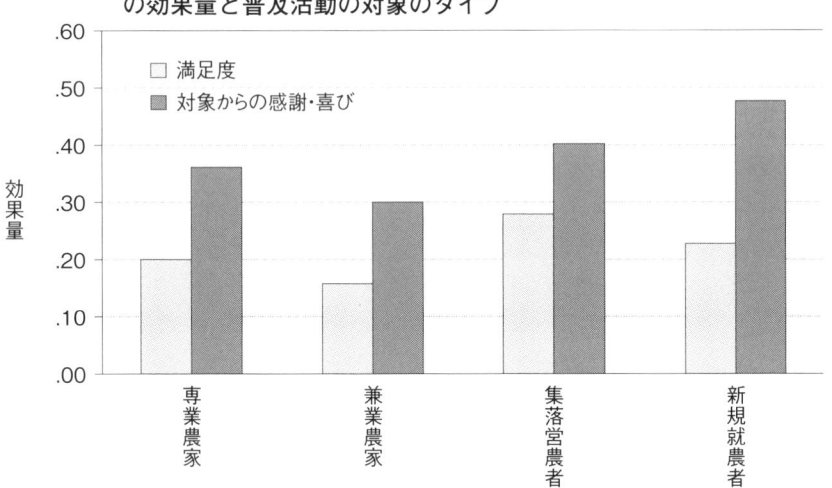

注：回答者である普及指導員は、そのときの普及活動の対象について、「専業農家」「兼業農家」「集落営農」「新規就農者」の選択肢の中から当てはまるもの全てに○をつけた。図4-4は、そのときに○のついた農業者タイプ別に「生産技術の紹介」の効果量を算出した結果である。

第4章　社会心理学調査から見る「つなぐ」仕事の実像

か。図を見ると、「将来のビジョンの提示」「対象集団の具体的問題指摘」「農業者同士の連携」「関係機関との連携調整」が相対的に大きな効果量を持ちやすいことがわかる。一方、「満足度」に対する効果を見ても、今挙げた4タイプの普及活動が相対的に大きな効果量を持っていることを見て取ることができる。

　この結果は、果たして何を意味しているだろうか。すでに述べたように、「農業者同士の連携」を支援するための活動は結合型の社会関係資本、そして、「関係機関との連携調整」は橋渡し型の社会関係資本に対応している。こうした普及活動を実施することが「満足度」や「対象からの感謝・喜び」を高めやすいという分析結果は、**農村コミュニティの社会関係資本に働きかける普及活動が、数ある普及活動の中でも特に効果を発揮しやすいことを示している**。

　また、「対象集団の具体的問題指摘」も興味深い。「具体的な問題を指摘する」といっても、これは個々の農家の抱える問題のことを指しているわけではない。対象集団すなわちコミュニティ全体の抱える問題を具体的に指摘してみせる活動のことを指している。こうした活動が効果を持ちやすいことは、やはり個々の農家を個別に扱うのではなく、相互依存的関係にある「コミュニティ」として扱うことの重要性を示唆している。

　なお、この調査では、「難しい課題に直面した」ときのことを思い返してもらい、その際に、活動対象のコミュニティが直面していた課題・問題のタイプも調べていた。課題のタイプ別に算出した各普及活動の効果量のそれぞれに関しては、巻末の付録（171頁。付録表1aと1b）を参照してもらいたいが、この本文中では本書で最も注目している2種類の普及活動、すなわち、「農業者同士の連携」と「関係機関との連携調整」に関して紹介しておきたい。分析の結果からは、これら2種類の活動は多くの課題に対して安定した効果を持つことが確認されたのである。

　まず、「農業者同士の連携」について見てみよう。「満足度」に対する効果量は「女性参画に関する問題」が存在するときに.25となってお

85

り比較的小さいが、それ以外の課題に対しては.40〜.47の効果量が見られ、安定している。また、「対象からの感謝・喜び」に対する効果量を見ると、やはり「女性参画に関する問題」が存在するときに最も小さく(.36)、それ以外では.50〜.62と安定した効果を示している。

社会関係資本に直接的に関わるもうひとつの普及活動「関係機関との連携調整」の場合、「満足度」に対する効果量は最も低い場合で「新品目の導入に関する問題」が存在するときの.39で、それ以外の課題では.41〜.57と、やはり一定の効果量を示している。「対象からの感謝・喜び」に対しても.50〜.66というように安定した効果量を示している。

繰り返し述べてきたように、社会関係資本、あるいは「つながり」は、根本的に見えにくい。道具や設備といったモノであれば、その成果（完成物）を簡単に示して見せることができる。そうしたモノを作る活動は、従って成果が見えやすい。農業に関する知識や技術の重要性も、異論を唱える人は少ないであろう。しかし、人と人の「つながり」は、モノではない。人に示して見せることは容易ではない。しかし、上の分析結果の示しているのは、そうした**「目に見えにくい」存在である社会関係資本を支えるための普及活動は、数ある普及活動の中でも決して無視されてよいものではなく、むしろ農村コミュニティの抱えている問題解決に貢献しやすい活動である**、ということである。

なお、普及指導員には「コーディネート機能」が期待されていると同時に、「スペシャリスト機能」も担うことが求められていた。事実、図4－1からわかるように、「生産技術の紹介」は、数ある普及活動のタイプの中でも最も実践されやすい活動のひとつである。その一方で、図4－3を見ると、「生産技術の紹介」の効果量そのものは他と比べて決して大きくはなかった。ただし、「生産技術の紹介」の効果量を、そのときの普及活動の対象農家のタイプ（たとえば、新規就農者かどうかなど）別に算出してみた結果（図4－4）、「生産技術の紹介」は新規就農者に対しては比較的効果を発揮しやすいことが明らかになった。

さて、ここまでの分析の結果明らかになったのは、数ある普及活動の

第4章　社会心理学調査から見る「つなぐ」仕事の実像

中でも、農業者同士の連携・組織作りを支援する普及活動や、関係機関との連携調整のための普及活動が、農業者の抱えている問題の解決に特に効果を持ちやすい、ということであった。農業者同士の連携・組織作りは、直接的に農村コミュニティ内の社会関係資本（結合型の社会関係資本）を高めるための普及活動であり、これが農業者の直面した問題の解決を促進するという。また、関係機関との連携調整は、橋渡し型の社会関係資本に関わるものであるが、そうした普及活動の重要性が示されたことは、森本（2009）の主張とも合致している。森本（2009）は、近年の農業を取り巻く状況に鑑み、次のように述べている。

「今求められていることは、地域の担い手を育成することであり、地域の農業構造を変えていくことです。そのためには、関係機関が一体となった取組みが求められます」（森本, 2009, p. 14）。

筆者らの調査結果では、「農業担い手育成」は「関係機関との連携調整」に比べれば幾分効果が弱かった。この結果は、上で引用している森本（2009）の主張をふまえれば、担い手を育成するためには関係機関をも巻き込んだ取り組みを行うことが重要であることを示唆する結果だと解釈できる。いずれにしても、ここまでの分析結果から、農村コミュニティの社会関係資本（結合型ならびに橋渡し型の社会関係資本）、すなわち「つながり」に働きかける普及活動の重要性が示されたといえよう。

どのような普及指導員が「つながり」をもたらすのか？（クエスチョン2）

それでは、いったいどのような普及指導員が特に「つながり」に働きかける力を発揮するのであろうか？　普及指導員の中には、こうした「つながり」の構築・維持に特に長けた人も、そうでない人もいること

だろう。普及指導員の仕事の成否を分ける要因は何であるのか。この問いに答えるべく、ここでは農村コミュニティの社会関係資本の一種としての信頼関係に注目し、この信頼関係と相関を示す要因を検討してみたい。

普及-全国調査では、コミュニティの住民同士の信頼関係（以下、コミュニティ内の信頼関係）を調べるべく、各回答者（普及指導員）に次のような質問をしていた：

自分の担当するコミュニティに以下の各項目がどの程度当てはまると思いますか？　1（全くそう思わない）～7（強くそう思う）で回答してください
① 対象集団（地域）の対人関係はおおむね円滑だ。
② 対象集団（地域）の人たちは、自分たちの地域や郷土に誇りを持っている。
③ 対象集団（地域）の人たちは一般に信用できる人たちである。
④ 対象集団（地域）の人たちは、基本的に正直で率直である。
⑤ 対象集団（地域）の人たちは、基本的に善良で親切である。
⑥ 対象集団（地域）の人たちは、お互いを信じ合っていると思う。
⑦ 対象集団（地域）の人たちは、他人を信用していないと思う。（逆転項目）

この7項目[6]が「コミュニティ内の信頼関係」を測るために用意された項目で、得点が高いほど、そのコミュニティの住民が互いに信頼しあっている（と担当の普及指導員が感じている）ことを示す（逆転項目の⑦だけは得点が低いほど信頼関係があることを意味し、得点を逆転させてから分析に用いる）。以下では、この7項目の平均点を算出し、分

注釈（6）Yamagishi & Yamagishi（1994）の一般的信頼尺度の項目などを参考に、筆者らが作成した。

析に用いた。

　さらに普及－全国調査では、農村コミュニティ内の信頼関係に影響を及ぼしうるものとして、大きく分けて2種類の要因に注目してデータの収集を行った。ひとつ目は普及指導員個人の持つ能力・スキル・特性であり、もうひとつは普及指導員自身を取り囲む社会関係である。

　まず普及指導員自身の能力・スキルとしては、「**連携活動能力**」「**コミュニケーション能力**」「**知識・技術**」に着目した（測定に用いた項目は表4－2ならびに表4－3を参照されたい）。ここでいう「連携活動能力」とは、住民組織を含む様々な関係機関などとの連携調整を行うための能力を指しており、他機関との情報交換をどれだけ密に行っているか、どれだけ積極的に働きかけているかといった行動傾向を指している。また、「コミュニケーション能力」とは、農業者を含む他者とのコミュニケーションをどれだけ円滑に行うことができるかなどの、対人関係上の力を指す。「知識・技術」は、農業技術をはじめとする普及活動に直結した知識や関連技術のことを意味している。以上に加えて、普及指導員本人の性格的側面の影響も検討するべく、「**外向性**」（他者との関わりの中での積極性）も測定した。外向性の測定には「私はみんなの盛り上げ役だ」「私は自分から人に話しかける方だ」などの10項目（Goldberg, 1992）を用い、各項目が自分自身にどの程度当てはまると思うか（1［全くそう思わない］～7［強くそう思う］）を回答してもらった。

　二つ目は、普及指導員自身を囲む社会関係の特徴についてである。具体的に注目したのは普及指導員自身の「**職場の人間関係**」、すなわち、普及センターなどでの人間関係の良好さである。また、普及指導員の活動に大きく影響すると考えられるもうひとつの社会関係として、「**普及指導員とコミュニティの結びつき**」にも注目した。自分の担当する農村コミュニティと深く結びついている普及指導員ほど、そのコミュニティでの活動を円滑に進めることができ、その結果としてコミュニティ内部の信頼関係も醸成されやすいと期待される。

表4－2　連携活動能力尺度[注1]の項目一覧

	普及指導員の連携活動能力 （1＝全く報告しない ～ 4＝いつも報告する、などの4件法）
1	対象集団に対して事業や普及活動をしたとき、進行状況や結果を、関連する他の機関に報告している
2	対象集団が、どんな制度や資源やサービスを利用しているか、把握している
3	普及活動の実施やサービス提供に必要な知識や情報を、関連する他の機関（住民組織を含む）から集めている
4	相談内容や問題状況を基礎に関係する他部門や、関連する他の機関に対して必要とされる行政サービスやインフォーマルなサービス、事業、資源・制度の内容を文章化し、提案している
5	関連する他の機関（住民組織を含む）に協力を要請する
6	関連する他の機関（住民組織を含む）から協力を要請される
7	自分と関連する専門職の集まりだけではなく、他の職種・専門職の集まり（会議）にも参加する（行政職・住民組織の集まりも含む）
8	関連する他の機関（住民組織を含む）から、その機関の業務や実態に関する内容を聞いている
9	関連する他の機関（住民組織を含む）にどういう専門職がいるか、把握している
10	事例検討会などの説明会への参加を、同僚に呼び掛ける（困難事例の検討会、勉強会や研修会も含む）
11	関連する他の機関（住民組織を含む）や他の職種との親睦会に参加する
12	人事異動により新たな職場に着任した場合、関連する機関（住民組織も含む）に挨拶回りをする
13	関連する他の機関（住民組織を含む）や他の職種の人たちのことを心にとめて配慮するようにしている

注1：筒井（2005）の連携活動尺度を普及指導員用に修正して作成。

第4章　社会心理学調査から見る「つなぐ」仕事の実像

表4-3　普及指導員のコミュニケーション能力、知識・技術、職場の人間関係、コミュニティとの結びつきに関する項目一覧

普及指導員のコミュニケーション能力（-3＝全く足りない ～ +3＝十分に足りている）
あなたは、普及指導員としての自分のコミュニケーション能力や対人関係能力を現在どのように感じていますか？
普及指導員の知識・技術（-3＝全く足りない ～ +3＝十分に足りている）
普及活動に直接関係する知識や技術に関して、あなたは自分の知識や技術を現在のように感じていますか？
普及指導員の職場の人間関係（-3＝非常に悪い ～ +3＝非常に良い）
現在の職場の人間関係は良好ですか？
普及指導員とコミュニティの結びつき（-3＝対象の人から独立し、離れている ～ +3＝対象の人と結びつき、つながっている）
現在、あなたは対象集団（地域）の人との結びつきやつながりを感じていますか？　それともその人と離れ、独立していると感じていますか？

　以上の6要因とコミュニティ内の信頼関係の関係を検討した結果が、図4-5に示されている。さて、どの要因が効果を持ちやすかったのだろうか？

　統計的には、いずれの要因も有意な効果を持っていた。しかし図から読み取れるように、同じ普及指導員自身の力量を表すものであっても、「コミュニケーション能力」と「知識・技術」ではその効果の大きさに差が見られ、**普及指導員の「コミュニケーション能力」の方が農村コミュニティ内部の人同士の信頼関係に対して、より大きな効果を持っていた**。また、「連携活動能力」にも、「コミュニケーション能力」と同程度の効果があることが見て取れる。つまり、より積極的に農業者あるいは関係する機関（役場や農業関連の企業の人など）と関係を持とうとする普及指導員が、担当地域の住人同士の信頼関係の向上においてより良い成果を挙げているといえる。

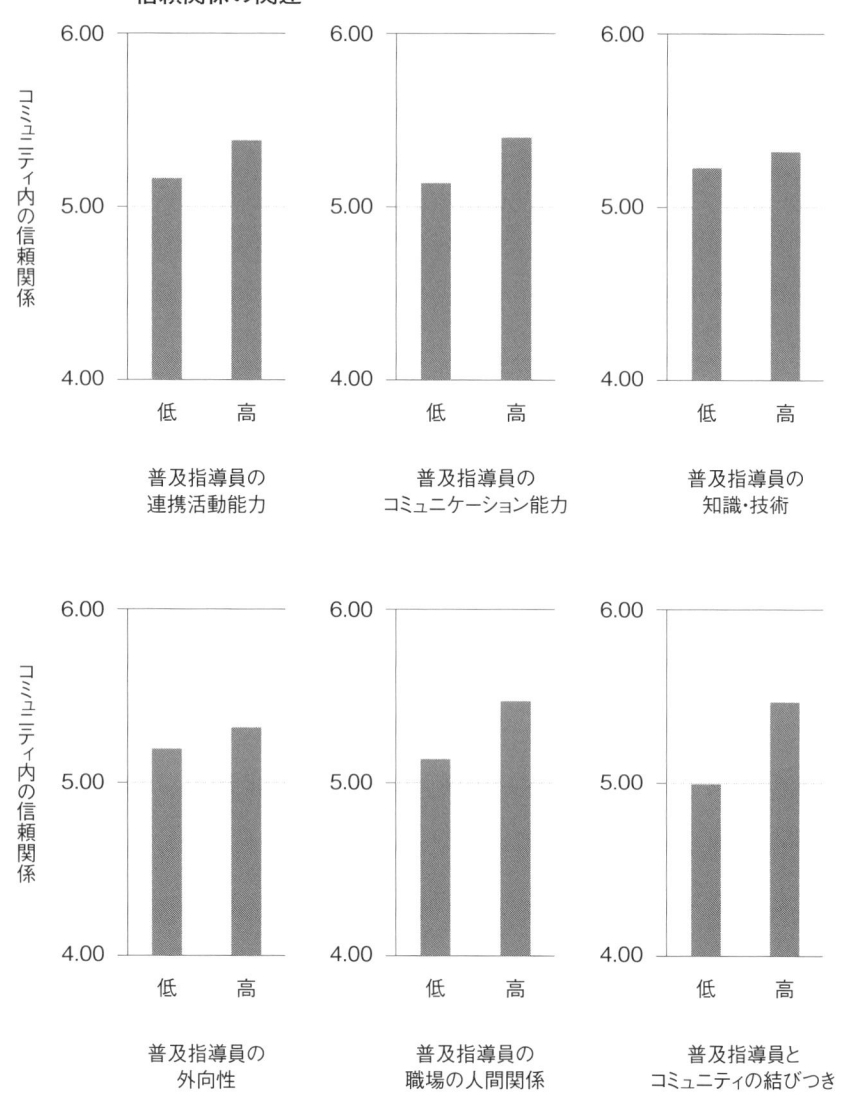

図4-5 普及指導員本人の持つ特性・社会関係とコミュニティ内の信頼関係の関連

普及指導員の連携活動能力

普及指導員のコミュニケーション能力

普及指導員の知識・技術

普及指導員の外向性

普及指導員の職場の人間関係

普及指導員とコミュニティの結びつき

注：いずれの図においても、横軸にあたる変数（たとえば「普及指導員の連携活動能力」）の中央値で回答者を「低群」と「高群」の2群に分け、「コミュニティ内の信頼関係」の得点を比較した。

第4章 社会心理学調査から見る「つなぐ」仕事の実像

普及指導員を支える「つながり」も大事

　一方、普及指導員自身を取り囲む社会関係はどのような効果を持っているだろうか？　興味深いことに、「職場の人間関係」と「コミュニティとの結びつき」のいずれもが、普及指導員個人の各特性よりも大きな効果を持っていることが見て取れる。つまりより**良い職場の人間関係を持っていること**、**強く担当地域と結びついていること**が、地域の社会関係資本の向上により強く関わっているのである。
　この結果は、活動対象である地域コミュニティとの結びつきの強さが普及指導員の仕事に影響し、そのことがさらに農村コミュニティの人々の間の信頼関係の向上にも影響を及ぼしていると解釈できるだろう。すなわち、うまく地域と関わっている普及指導員がいることで、地域の中の人々がその普及指導員を介してつながっていく、ということがあることを示しているのである。
　さらに重要かつ意外なことは、農村コミュニティそのものと直接的に

はつながっていない「普及指導員の職場の人間関係」が、コミュニティの住人の間の信頼関係と関連していることである。つまり、普及指導員が所属する職場で良い人間関係を持っていれば、その人が担当する地域の住民同士の信頼関係が向上することになる、という「飛び地効果」が出ていると解釈できる。これはいわば、ある人のつながり（職場）がその人が関わるところの新たなつながり（地域間のつながり）を促進する、という「つながり」の連鎖であるといえる。おそらく、職場の人間関係が良好であれば、良いアドバイスを受け取ったりして、うまく担当地域にも働きかけることができるようになる、ということがあるのではないだろうか。[7][8]

注釈（7）本節で紹介している分析結果は、厳密には、「相関」関係を示してはいるものの、「因果」関係は示していない。たとえば、「職場の人間関係」が「コミュニティ内の信頼関係」と相関することは示されたが、どちらが原因でどちらが結果であるかは、この分析では特定できていない。本文中では、「職場の人間関係」が原因で「コミュニティ内の信頼関係」が結果であるとする解釈を紹介しているが、あくまでもひとつの解釈であり、さらなる研究が必要な箇所である。後に紹介する感情経験についての分析結果なども同様で、本書で紹介している分析結果のうちパネル・データを構成しているもの（時系列の情報を含むもの）以外は、基本的には「相関」を示すのみで「因果」はそこから解釈されるものである点に留意されたい。

（8）なお、「職場の人間関係」や「コミュニティとの結びつき」とコミュニティ内の信頼関係の関連は、実は普及指導員自身の特性（たとえば、外向的な性格など）の影響で生み出された擬似相関で（つまり外向的な人は、自分の職場の人間関係をより良いものにできると同時に、地域内の信頼関係も向上させやすいかもしれない）、実際のところ重要なのは普及指導員個人の持つ特性だと考えることもできるかもしれない。その場合、「職場の人間関係」はコミュニティ内の信頼関係の向上に特に効果を持っておらず、効果があるように見えるのは統計上の「見せかけ」ということになってしまう。しかしながら、普及指導員自身の連携活動能

第4章　社会心理学調査から見る「つなぐ」仕事の実像

力やコミュニケーション能力、または外向性などの効果を統計的に取り除く（統制する）処理を施して分析しても、「職場の人間関係」や「コミュニティとの結びつき」は依然としてコミュニティ内の信頼関係に対する影響を持っていた。このことは、農業者の生活にとって農村コミュニティの社会関係資本が重要であったように、普及指導員の活動においてもやはり周囲の社会関係資本が影響し、あるところでの社会関係資本（たとえば、普及センターの社会関係資本）が普及指導員の活動を通じて別の場所での社会関係資本（たとえば農村コミュニティ内部の信頼関係）に影響する可能性があることを示している。

住民同士の信頼関係は、本当にコミュニティの生活を向上させる？（クエスチョン3）

図4－3で見たように、農村コミュニティの社会関係資本に働きかける普及活動（農業者同士の連携・組織づくりへの支援や、関係機関との連携調整）は、農村コミュニティの抱える問題の解決に効果を持ちやすかった。これは、社会関係資本の重要性を示してきた先行研究の結果などとも一貫している。本節でも、農村コミュニティにおける社会関係資本の重要性を検討してみたい。その中で、すでに述べたとおり、パネル・データを用いた因果関係の検討も行う。それにあたり、コミュニティ内の信頼関係と住民の生活レベルとの関係を検討することとする。

本節では、普及－全国調査のデータの他に、普及－近畿調査ならびに普及－愛知調査のデータを用いて分析を行う。各調査の回答者の属性などについては表4－1（79頁）を参照されたい。

普及－全国調査でコミュニティ内の信頼関係について測定したことはすでに述べたが、普及－近畿調査や普及－愛知調査でも、同じようにコミュニティ内の信頼関係を測定した。さらにこの3調査では、それに加えて同じコミュニティの住民の生活レベル（以下、生活レベル）も測定するべく、各回答者（普及指導員）に次のような質問をした：

自分の担当するコミュニティに以下の各項目がどの程度当てはまると思いますか？　1（全くそう思わない）〜7（強くそう思う）で回答してください
① 　対象集団（地域）の人たちは、自分たちの暮らし向きに満足している。
② 　対象集団（地域）の人たちの生活状況は問題ないものである。

　この①②の平均点を算出し、「生活レベル」の得点として信頼関係との関連を検討した。図4－6は、調査別に、信頼関係の高群・中群・低群ごとの生活レベルの得点を比較したものである。
　この三つの図から読み取れることは明らかである。3回にわたる調査のいずれにおいても、信頼関係の高いところほど生活レベルが高く評定されていたのである。すなわち、住民同士が互いを信頼しあっているコミュニティほど、生活レベルが高くなっているというパターンがここで確認された。
　ただし、このままでは単純な「相関関係」が確認されただけである。すなわち、「信頼関係の高さが生活レベルの高さをもたらしている」のか、それとも「生活レベルの高いコミュニティほど、住民がお互いを信頼しやすくなる」のかは判然としない。筆者らは後者（生活レベル→信頼関係の因果）の可能性を否定するものではないが、少なくとも前者（信頼関係→生活レベルの因果）が存在することを確認することが本節の目的である。そのために、全国調査・近畿調査・愛知調査という3調査のデータを合成した分析を行ってみた。
　この3調査のうち、最も早くに実施されたのは近畿調査（2009年）で、次いで全国調査（2010年）、最後に愛知調査（2011年）が行われた。近畿調査の回答者のうち29名、愛知調査のうち31名が、全国調査でも生活レベル・信頼関係の項目に回答していたことが特定された。すなわち、合計60名は2回分の調査データを持っているのである。この60名のデータを用いて、ある時点（Time1）での信頼関係が、その1年後の時

第4章　社会心理学調査から見る「つなぐ」仕事の実像

図4－6　コミュニティ内の信頼関係とそのコミュニティの
　　　　生活レベルの関連

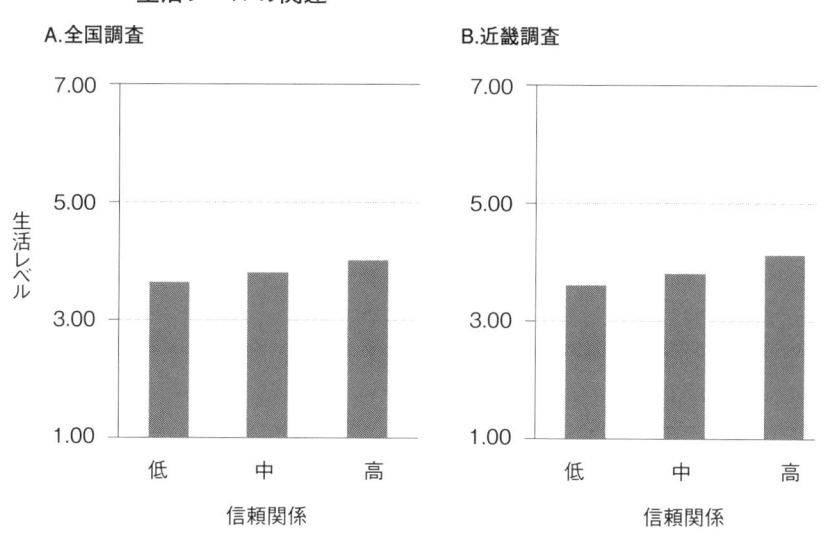

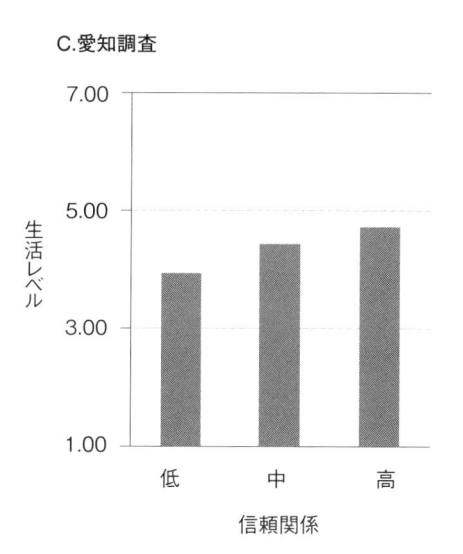

A.全国調査

B.近畿調査

C.愛知調査

注：いずれの図においても、「信頼関係」の得点に基づいて回答者を「低群」「中群」「高群」の3群に均等に分け、その3群の間で「生活レベル」の得点を比較した。

点 (Time2) での生活レベルに影響しているかどうかを検討した。時系列を含むこの分析により、信頼関係 (Time1) が生活レベル (Time2) を高めているかどうか、因果関係を検討することができる。[9]

　図4－7は、その時系列分析の結果を表している。ここではデータに含まれる回答者数が多くはない (60名) ため、3分割ではなく高群と低群の2分割にしているが、結果はこれまでの分析結果と一貫している。すなわち、Time1の時点で住民同士の信頼関係が高いほど、1年後のTime2における生活レベルが高くなっていたのである。

　ただし、統計に詳しい読者はお気づきかもしれないが、これだけでは実はまだ不十分である。ひとつの可能として、Time1での生活レベルこそが実は重要で、Time1の生活レベルが同じ時点 (Time1) での信頼関係を高め、同時に1年後 (Time2) の生活レベルをも高めているのかもしれない。その場合、「信頼関係→生活レベル」という因果がなくても、図4－7の結果が得られてしまう。

　そこで、厳密に因果関係を検討するためにTime1での生活レベルの影響を統計的に取り除く (統制する) 処理を施した分析を行った。その結果、依然としてTime1の信頼関係はTime2の生活レベルに効果を持つことが確認された。このことは、**「信頼関係が生活レベルを高める」**という因果関係が存在することを意味している。つまり、社会関係資本の効用についての議論に見られるとおり、農村コミュニティにおける地域住

注釈（9）　今回のデータにおいては、近畿の29名の場合は近畿調査 (2009年) が全国調査 (2010年) に先立って実施されているので、近畿調査のデータをTime1、全国調査のデータをTime2のデータとして扱うことができる。一方、愛知の31名に関しては、全国調査 (2010年) が先行して実施されているので、これをTime1のデータとし、愛知調査 (2011年) での回答をTime2のデータとした。その上でこの29名と31名を混ぜ、全体としてTime1の信頼関係がTime2の生活レベルに及ぼす影響の検討を行った（近畿と愛知で結果が異なるかも同時に検討したが、近畿と愛知の間に統計的に有意な差は見られなかった）。

図4－7　コミュニティ内の信頼関係とそのコミュニティの生活レベルについての時系列分析

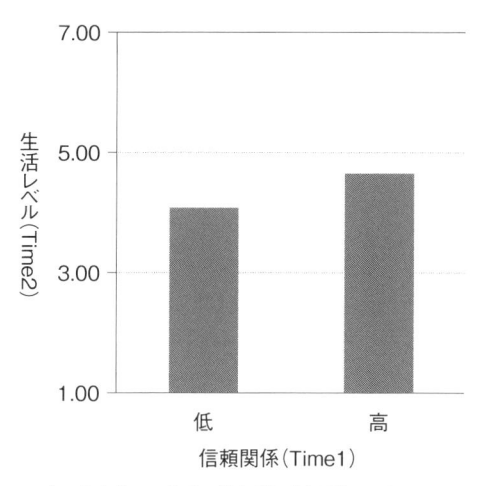

注：信頼関係(Time1)の中央値で回答者を「低群」と「高群」の2群に分け、生活レベル(Time2)の得点を比較した。なお、因果関係の検討のためにTime1での生活レベルの効果を統制する統計的検定を行っても、信頼関係(Time1)は生活レベル(Time2)に対して10％水準で有意な効果を持っていた。

民同士の信頼関係は、実際に地域の生活レベルの向上に貢献しているということができよう。

普及指導員にとってのロールモデルは？
（クエスチョン4）

　次に検討したいのは、普及指導員にとってのロールモデルの特徴である。すでに述べたように、ロールモデルの存在は、後進の育成にとって重要な意味を持っていると考えられる。そこで普及－全国調査ならびに公務員－全国調査では、まず尊敬する同僚（同期以上）の有無を尋ねた。その結果、普及指導員では回答者のうち90％が「いる（あるいは過去にいた）」と回答していた。これに対し、他の公務員では、72％（事務職）、73％（技術職）、81％（教員）が尊敬する同僚がいる（いた）と回答していた。このことは、他の公務員に比べて普及指導員の職場では、

ロールモデルになるような同僚が得られやすいことを意味している。

　ちなみに、ロールモデルとなる人物が自分より何年次ほど先輩の人であるか（自分よりその職種での経験年数がどれだけ長いか）を調べたところ、普及指導員では平均13.8年で、他の公務員の平均13.3年とほぼ同じであった。また、ロールモデルとなる人物の性別を調べたところ、同性をロールモデルとしやすい傾向が見られた。普及指導員では、男性回答者の96％が男性をロールモデルとしていたのに対し、女性回答者では64％だけが男性をロールモデルとしていた。同様に、他の公務員でも、男性回答者の97％が男性をロールモデルとしていたのに対し、女性回答者では53％だけが男性をロールモデルとしており、同性をロールモデルとしやすい傾向が確認された。

　では、普及指導員や他の公務員にとってロールモデルとなる人物はどのような特徴を持っているのだろうか。このことを調べるために、尊敬する同僚がいる（いた）と答えた回答者に、その人物の特徴を尋ねてみた。具体的には、表4－4に掲載されている41項目を回答者に提示し、それぞれの項目が尊敬する同僚（具体的な人物1名）にどの程度当てはまるか（1点＝特に当てはまらない、2点＝当てはまる、3点＝とてもよく当てはまる）を示してもらった。

　まず、普及指導員の結果を確認してみる。普及指導員の間で得点が高かったのは、どのような項目だろうか。分析の結果、「説得力のある言葉や行動を通じて相手を納得させる」「知識や技術を実際に活かす」「農業者の視点に立ち、相手の心を理解しようとする」「熱意・情熱を持って人に接している」「知識や技術を伝えるのがうまい」の5項目が、尊敬する同僚の持つ特徴として普及指導員が挙げるトップ5に入ることが確認された。

　それでは、他の公務員と比べた場合、普及指導員の尊敬する同僚にはどのような特徴があるのだろうか。先に述べたとおり、今回の調査では41項目を回答者に提示してそれぞれについて答えてもらったが、41項目そのままでは分析してもその結果を解釈するのが困難である。そこで、

第4章 社会心理学調査から見る「つなぐ」仕事の実像

表4－4　尊敬する同僚の特徴項目一覧

カテゴリー	項目
知識・技術 (α = .73)	知識や技術を実際に活かす 多くの知識・技術を持っている
育成・統率 (α = .85)	知識や技術を伝えるのがうまい 説得力のある言葉や行動を通じて相手を納得させる 人を育てる力がある 農家や関係者に働きかけて成長を促そうとする 地域のリーダーを見つけ、育てる 人を引っ張り統率し、方向転換させる指導力がある その人の存在によって周囲に最善の行動を促すことができるカリスマ性
他者志向 (α = .71)	農業者の視点に立ち、相手の心を理解しようとする 農業者に自分が何を提供できるのかを考える 農家や関係者のニーズに応えて支援したいという願望が強い 消費者の視点で考える
情熱 (α = .65)	熱意・情熱を持って人に接している 強い信念を持ち、困難なことがあってもあきらめない 情にもろい
チームワーク (α = .86)	新しい人間関係やネットワークを積極的に構築する 地域の中にいろいろな人脈を持っている 構築された人間関係をメンテナンスし、長期にわたり保持する 助言や情報提供してくれている人を多く抱えている 地域の関係機関と連携し、それぞれの役割分担を行う 周囲と連携してチームワークを形成する 普及センター内や他の普及指導員と連携し、普及組織内で自分の役割を全うできる 地域全体の中での自分の役割を理解し、全うしようとする 研究機関と連携し、問題解決に必要な研究を進めてもらう
決断力・行動力 (α = .80)	決断力がある 自ら進んで物事に取り組む 先例がないことにも進んで取り組む
視野の広さ (α = .71)	物事を局部ではなく大所高所から捉える 時代の流れを読み、将来に向けてのビジョンを提言する 地域全体が目指す目標や、要求する行動基準をよく理解する
緻密性・冷静さ (α = .77)	問題の局部を分析し、本質を緻密に解明する 冷静に自分をコントロールできる 細部に神経をつかい、完璧にやろうとする 問題解決または目標達成のために必要な取り組みを順序立てて企画する
その他	状況を的確に判断し、臨機応変に行動を変える 信頼・尊敬の念で周囲から見られる 捉えどころのない現象の中から大事な問題が何かを見つけ出す 自分の能力を信じている、自信がある その人の存在によって周囲が明るくなるカリスマ性 常に話し合いの中心に位置し、話題を提供する

注：①「α」はクロンバックのα係数。ここでは、カテゴリー内で項目が互いに一貫している程度を表している。②普及-全国調査で用いた項目には、普及指導員以外の公務員も対象とする場合にはそのままでは使用できない語も含まれていた。たとえば、「農業者」という語は「仕事の対象者（たとえば、地域住民）」に置き換えられた。表中では、普及-全国調査で用いた項目を掲載している。

分析に際し、この41項目を表4－4のように8種類のカテゴリーに整理してカテゴリーごとに得点（平均点）を算出することとした。その結果が、図4－8に示されている。

　図4－8を見てまず目につくのは、多くのカテゴリーで（緻密性・冷静さを除いて）普及指導員の値が高いことである。しかしここでより注意を払いたいのは、どのカテゴリーで特に大きな差が見られるかである。そこでカテゴリー別に見てみると、特に目立つのは「他者志向」である。「他者志向」は「農業者（普及指導員以外の場合は『仕事の対象者』）の視点に立ち、相手の心を理解しようとする」や、「農業者に自分が何を提供できるのかを考える」といった項目で測定されている。また、その他に普及指導員で目立って値が高いのは「チームワーク」や「視野の広さ」であった。この結果は、こうした特徴が、他の公務員に比べて普及指導員の間で重視されていることを示している。

　また、もうひとつ興味深い結果として、「情熱」にも注目してみたい。このカテゴリーでは、普及指導員と教員が同程度に高い値を示している。また、「育成・統率」においても、統計的には普及指導員が他のどの公務員よりも高い値を示しているものの、教員もその他の公務員よりも有意に高い値となっていた。これらの結果は、普及指導員は農業者に技術や知識を伝える役（スペシャリスト機能）を担っており、その点で教員と類似性が高いことを示唆している。

普及指導員自身の喜びとは？（クエスチョン5）

　最後に、普及指導員が毎日の業務の中で感じる感情経験に目を向けてみたい。普及－全国調査では、「幸せ」「満足」「憂鬱な気分」「恥」「不安」など多岐にわたる感情・気分の項目を提示し、それぞれを普段の業務中に感じる程度を回答してもらった（1［全くない］～5［非常によくある］）。感情項目は多岐にわたったが、全体を「ポジティブ感情」と「ネガティブ感情」に分類した。ここでは、このポジティブ感情・ネガ

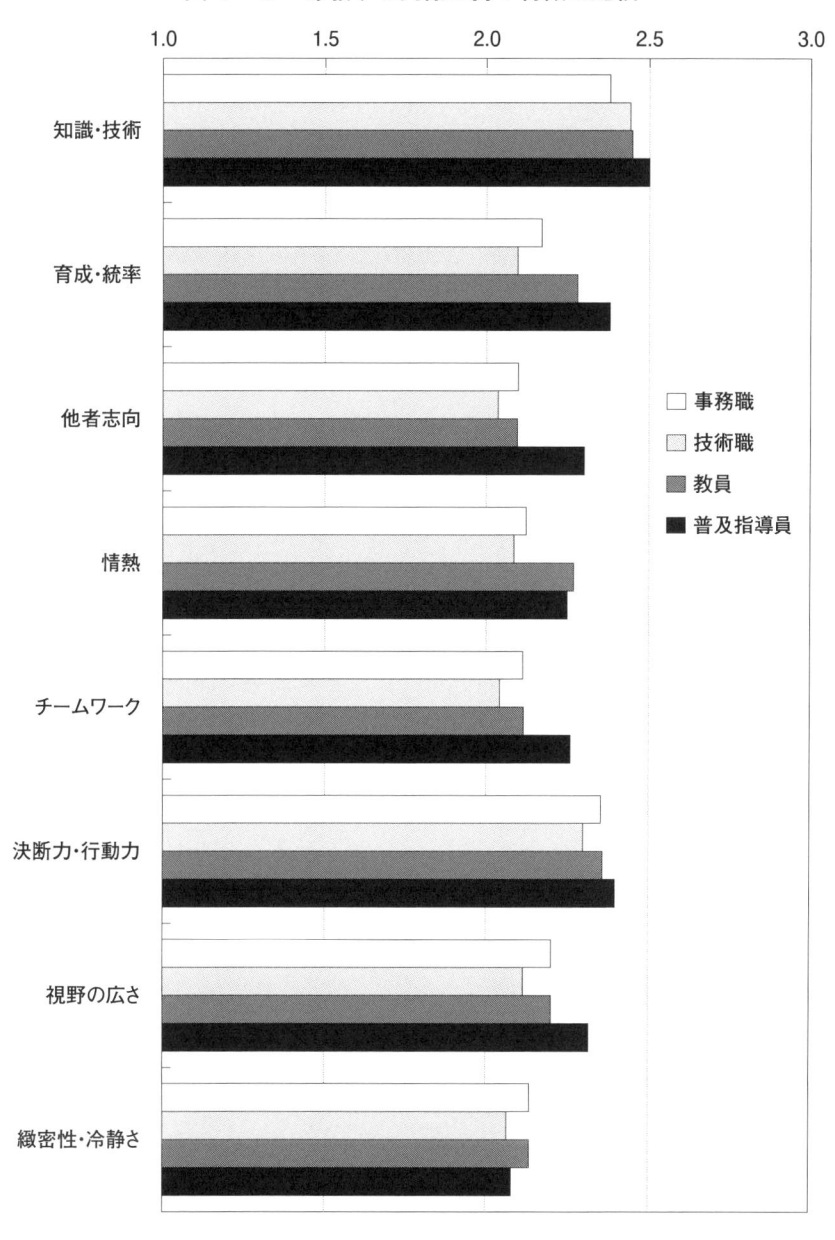

第4章　社会心理学調査から見る「つなぐ」仕事の実像

図4−8　尊敬する同僚の持つ特徴の比較

□ 事務職
▨ 技術職
▨ 教員
■ 普及指導員

ティブ感情に影響し得るものとして、先ほども登場した普及指導員自身の「知識・技術」「コミュニケーション能力」、それに「コミュニティ内の信頼関係」に着目している。分析結果は図4－9に示されているとおりである。

　上段の三つのグラフを見ると、ネガティブ感情に対して3要因いずれもが同程度の効果を持っていることがわかる。「知識・技術」や「コミュニケーション能力」が低ければその分だけ普及指導員は業務の中でネガティブ感情を経験しやすい。また、活動対象の「コミュニティ内の信頼関係」が低い場合も、やはり普及指導員はネガティブ感情を感じやすくなっている。

　一方、ポジティブ感情に対してはどうであろうか。ここでもやはり3要因全てが影響を持っており、「知識・技術」や「コミュニケーション能力」が高ければポジティブ感情を感じやすく、「コミュニティ内の信頼関係」が高ければやはり普及指導員はポジティブ感情を感じやすい。しかも、ポジティブ感情に対する効果の大きさを見ると、同じ普及指導員自身の特性であっても「知識・技術」（$\beta = .04$）よりも「コミュニケーション能力」（$\beta = .29$）の方がより大きな効果を持っていた。この結果は、農業者と直に接することを本来の職務とする普及指導員にとって、他者と円滑な関係を築くのに必要なコミュニケーション能力がいかに重要であるかを物語っている。さらに、コミュニティ内の信頼関係が普及指導員のポジティブ感情につながっているという結果からは、**普及指導員が地域の社会関係資本の構築・促進を日々の活動の目標とし、地域がうまくいくことが普及指導員の喜びとなっていること**が理解できる。

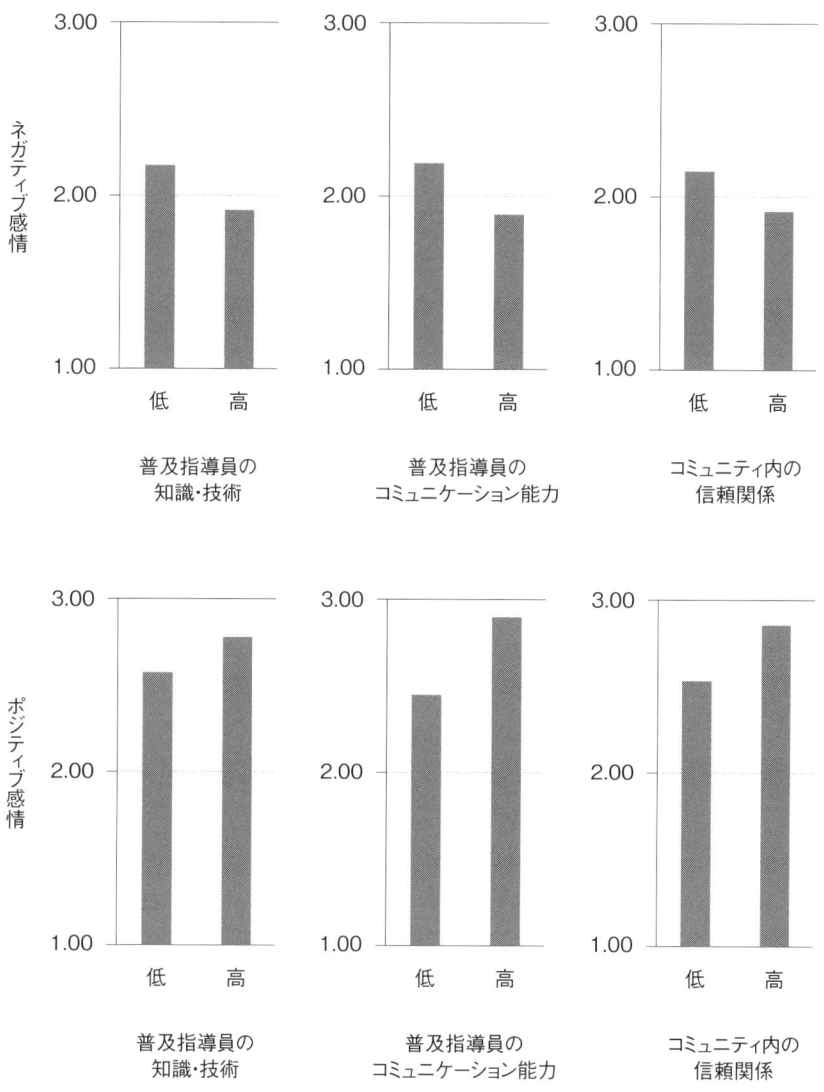

第4章 社会心理学調査から見る「つなぐ」仕事の実像

図4-9 普及指導員本人の持つ特性およびコミュニティ内の信頼関係と普及指導員の感情経験との関連

注：いずれの図においても、横軸にあたる変数（たとえば「普及指導員の知識・技術」）の中央値で回答者を「低群」と「高群」の2群に分け、「ポジティブ感情」あるいは「ネガティブ感情」の得点を比較した。

調査結果のまとめ：何がわかったのか

　以上、2009年から2011年にかけて筆者らが実施してきた一連の調査の分析結果を見てきた。本章の締めくくりとして、この結果を短くまとめてみたい。

① 農村コミュニティの様々な問題の解決においてどのような普及活動が特に効果的かを検討した。その結果、**農業者同士の連携を促進するための普及活動、関係機関との連携を促すための普及活動、将来に向けてのビジョン提示のための普及活動、そして、地域の具体的な問題を指摘するような普及活動が特に効果を持ちやすい**ことが示された。この中でも、農業者同士の連携、ならびに、関係機関との連携調整に関する普及活動は、農村社会の社会関係資本に関わる普及活動だと考えられる。

② どういった特徴を持つ普及指導員がコミュニティ内部の信頼関係（社会関係資本の一種）を高めやすいかを検討した。その結果、**関係機関との連携活動に優れた普及指導員やコミュニケーション能力に秀でた普及指導員が、住民同士の信頼関係を高めやすい**ことが示された。また、普及指導員個人の特性だけでなく、普及指導員を取り囲む社会関係も重要な影響力を持ち、**普及指導員とコミュニティの結びつき、そして、普及指導員の所属する職場の人間関係の良さも、コミュニティ内部の信頼関係を高める効果を持つ**ことが示された。このことは、普及指導員を囲む「つながり」が、別の場所の「つながり」へと連鎖することを示唆している。

③ 各普及指導員が対象としているコミュニティの生活レベルに、そのコミュニティの住民同士の信頼関係がどのような効果を持つかをパ

第4章　社会心理学調査から見る「つなぐ」仕事の実像

ネル・データで検討した。その結果、**住民同士の信頼関係が強いほど、そのコミュニティの生活レベルが高くなる**ことが示された。この結果は、農村コミュニティにおける社会関係資本の重要性を示している。

④ どのような特徴を持つ人物が同僚から尊敬されやすいかについて、普及指導員と他の公務員（教員、技術職、事務職）を比較した。その結果、他の公務員と比べて普及指導員の間では、**他者（たとえば農業者）の視点に立とうとする傾向（他者志向）、チームワーク、視野の広さに優れた人物が尊敬されやすい**ことが示された。また、普及指導員と教員の間では、技術職や事務職に比べて、情熱的な人物が同僚から尊敬されやすいことが示された。こうした特徴が、普及活動において重要な役割を果たしていることが示唆される。

⑤ 普及指導員の日々の業務の中での感情経験に影響する要因を検討した。その結果、**普及活動に関わる知識・技術、また、コミュニケーション能力の高い普及指導員ほどポジティブ感情を経験しやすく、ネガティブ感情を経験しにくい**ことが見出された。特にポジティブ感情に関しては、知識や技術よりもむしろ**コミュニケーション能力がより強い効果**を持っていた。また、活動対象としているコミュニティ内部の信頼関係も普及指導員の感情経験に影響し、**強い信頼関係のあるコミュニティで活動する普及指導員ほど、ポジティブ感情を経験しやすく、ネガティブ感情を経験しにくかった**。

　第2章で述べたとおり、住人同士の信頼関係など人と人の「つながり」は、地域コミュニティにとって重要な「資本」だと指摘されてきた。コミュニティ内の人々がどれだけ互いに信頼しあっているかや、人と人が「つながっている」かどうかは、外から見ても捉えにくく、したがってその重要性は見えにくい。しかし、その「捉えにくさ」に反し

て、こうした「つながり」が地域コミュニティにとって重要な役割を果たしていることは、本章で紹介した筆者らの研究からも明らかである。

　心理学を含む様々な学問領域で社会関係資本に関わる研究が今も精力的に進められ、日々新たな知見が蓄積されつつある中で、筆者らは、農村コミュニティで「コーディネーター」として活躍する普及指導員の役割に注目した。心理学的見地から普及指導員の仕事を検討しようとしたのは、筆者らの知る限りこれが初めての試みである。第5章以降では、本章で紹介した調査結果と過去の様々な研究成果をあわせて考え、普及指導員の仕事について心理学的視点から考察していきたい。

コラム❺
「技術の情報交換」から「信頼(心)の交換」へ

京都府農林水産部研究普及ブランド課　副課長　**小宅 要**

　平成12年の人事異動で、私は京都市O地区を担当することになった。このO地区は野菜の栽培技術レベルが非常に高く、勉強熱心な地域であった。しかしながら地域全体としてのまとまりはあるものの、一匹オオカミの農業者の集まりであり、絶大なるリーダーはいなかった。

手詰まり感のある勉強会

　このO地域では、毎月1回定期的に勉強会が開催されていた。その勉強会は、昼の部と夜の部の2部構成となっていた。

　①昼の部：勉強会の当日の午後、「病気が出ているので見にきてほしい」「生育の調子が悪いので栽培管理方法を確認してほしい」などの事項について、農協が農業者の相談や依頼を受け、関係機関（農協、市、普及センターの担当者）が現地で解決にあたった。

　②夜の部：そしてその夜、参加者に午後の対応を情報提供するとともに、その地域で栽培されている野菜の技術（各論として野菜ごとの品種、栽培技術、総論的な土づくり、農薬など）について、普及センターから最新の情報を説明、質疑応答をする形の勉強会であった。

　この取り組みは、農業者間では一定の技術の情報交換が行われ、毎回10人程度の参加があった。しかしながら、この勉強会も、回を重ねるごとに普及センターとしても提供する内容が手詰まりし、参加者も減り、何か新しい試みをしていく必要性を感じていた。

新しい試み

　あるとき、夜の勉強会が始まり、「Aさんのトマトを見て、こんな様子だった」「Bさんのキュウリはこんな様子だった」と説明した。そのとき、農業者から「言葉ではわからんな～」と言われ、私は「写真だ！」と気づいた。

　まだ、当時は、デジカメもパソコンも普及し始めたばかりで、プロジェクターも普及センターにはなかった。でも私は、文字より図表、図表より写真

の方が情報が多く、価値のあることを以前上司から教えられていたので、すぐに何とかできないか段取りにかかった。

　パソコンは普及センターのものを使い、デジカメは自分専用のを買った。プロジェクターは毎回、某所まで昼に借りに行き、勉強会が終わった夜中に返しに行くことにした。

関係機関による現地巡回の様子。ハウストマトの生育状況を確認

　次回の勉強会からは、事前に相談の依頼のあった農業者の畑に行き、「写真を撮ってもいいか」「夜の勉強会に来て説明してくれるか」とお願いし、撮った写真が夜の勉強会に来てくれた人の参考（ヒント）になるように考えながら、シャッターを押し続けた。

普及は地域を動かす黒子

　その結果、以前は一方的に普及センターが準備した資料に基づく勉強会であったが、当日の現場の写真を使うことにより、参加者にとっては非常にわかりやすく、農業者間で評判となった。そのうち男性だけだった勉強会に女性も参加するようになり、参加者も20人を超えた。

　また、互いの畑の写真を使った勉強に変えたことにより、写真を撮られた農業者は、自分の写真を見るとともに説明もするため参加するようになった。私はポイントとなる言葉を発するだけで、農業者同士が質問や情報交換を勝手に進めていく、農業者が主体となった勉強会になった。

農業者をつなげるのは、ちょっとしたきっかけ

　このような機会から、農業者は互いに知り合いとなり、同じ地区に住んでいることから、日頃も畑を行き来するようになったと聞いた。農業者側に立つと、他人の畑をのぞくというのはなかなかできることではなく、互いの信用、信頼がないとできなかったという。心の壁がなくなった、地域がつながっていった証しと感じた。

　今振り返ると、「自分で考える農業者」を育てるための手法として、デジカメで撮った畑の写真は、勉強する気のあった農業者に火をつけた道具であった。普及指導員である私にも良い経験となった。

第4章 社会心理学調査から見る「つなぐ」仕事の実像

コラム❻

通帳をのぞき、松の枝振りを見た日

兵庫県東播磨県民局加古川農業改良普及センター　主幹兼地域課長　**森本秀樹**

「あ、汚れている！」

　私は今、普及指導員になって35年目を迎えています。この中で今も忘れられないことがあります。それは今から25年前のことです。

　当時、国営開発担当としてY町のぶどう団地（25ha）の造成から、植栽、育成、そして出荷方法など、初めてぶどう栽培を始める地域で昼夜をいとわず現場を走り回り、指導をしていました。

　この団地では、4年目のこの年が本格的な出荷の年でした。そして、この年の7月中旬、T団地では房づくり、粒（つぶ）間引き、そして袋掛けがやっと終わり、あとは収穫を待つだけになっていました。

　いつものように各園を巡回指導しながら、「今年から、やっとお金になりますね」と農家に声をかけ、何気なく袋の中のぶどうを見たときでした。なんと、袋の中の真っ黒なぶどうに、白い斑点がつき、汚れていたのです。私は、何度も目を疑いました。そして、次々と袋を開けました。しかし、どの袋の中の房も汚れていました。さらに、隣の園も同じ状態だったのです。

　この白い斑点の汚れは、袋掛け前の薬が原因だとすぐにわかりました。この薬は一般的に使われている薬でしたが、水和剤（水に溶かして用いる薬剤）を用いたため、散布方法により汚れやすかったのです。

　早速、所長に報告するとともに、現場を調べて回りました。そして、Y町の2団地、約10haで房が汚れていることがわかりました。さらに、熱心な農家ほど丁寧に散布され、汚れの大きなこともわかりました。つまり、私の指導を忠実に守っていた熱心な農家ほど被害が大きかったのです。

家族総出による「房拭き」

　早速、関係機関による対策会議が開かれました。そして、農薬残留調査を行い、安全性の確認をすることになりました。

　翌朝、サンプル採取のためにぶどう園へ行くと、朝6時という時間にもか

調査研究で技術を高める普及指導員（兵庫県加西市）

かわらず、どのぶどう園にも車が止まっていました。そして、園の中では出勤前の主人や奥さん、さらにはおじいちゃんやおばあちゃん、まさに家族総出で袋を外し、一房、一房、丁寧にタオルで汚れを拭いていました。

　その姿を見たとき、本当に申し訳なく、自分が惨めでした。ただ、このとき私にできたのは、すべての園を回り、出会う人、出会う人に頭を下げ、「申し訳ありません。私の指導が十分でなかったために大切な房を汚してしまいました……」と心から謝ることでした。

　すると、「森本さん、あんたが悪いんやない。わしらの薬のかけ方が悪かったんや。気にせんでもええで」といった声が返ってきました。そして、その声はどの園に行っても同じでした。さらに「こんなことで、森本さんに責任が行くんやったら、わしらが黙っておれへんで！」と農家の方々みんなが応援してくださったのでした。

ぶどうの「初出荷の日」

　このY町のぶどうが初出荷の日、栽培農家45名と一緒に神戸市内の市場に行きました。そこには、あの白い斑点で汚れているぶどうが並んでいました。私はそのぶどうを指さし、みんなの前でわざと仲買人に「このぶどう、どうですか？」と聞きました。するとその仲買人から「良いりっぱなぶどうですよ。果粉（粒についているロウ物質）もよくついている……」と自信

たっぷりな返事が返ってきました。

　つまり、他産地のぶどうにも同じように汚れているものがあり、私たちが思い込んでいた「汚れ」はそれほど気にしなくてもよかったのです。この言葉を聞いたとき、今までの悩みはあっという間に消え去り、一瞬にして目の前がバラ色に変わりました。

普及指導員の「良さ」

　汚れたぶどうを見つけてからの40日間というものは、本当に長い時間でした。あるときには妻に貯金の残高を調べてもらい、弁償しようと思ったこともありました。また、ぶどう園の隣の松の枝振りを見て「この枝で首をつりたいな……」と思ったこともありました。

　でも、このときに、本当に私を応援してくださった人がいました。

　それは、曲がった腰を一生懸命に伸ばし、一日中汚れた房を拭きながらも私に、「森本さん、サンプルがいるんやったら、いくらでも持って行ってよ」と優しく声をかけてくださったおばあちゃん。「森本さんに他へ異動されてしまったらかなわん」と普及センターまで来てくださったぶどう研究会の役員の方々。

　本来なら、一番被害に遭い、一番苦労され、一番私に怒らなければいけない人たちが私を応援してくださったのです。

　普及指導員の「良さ」、それはよくはわかりません。しかし、何の権限も持たず、技術と信頼関係を武器に地域や農家に入り、ともに汗をかき、ともに喜びを分かち合う。そこに何か「良さ」が隠されているように思います。そして、そのことは、ただ平々凡々の活動ではわからないのかもしれません。

　でも、あまり大きな壁にはぶち当たらない方がいいですね……。

第5章

「つなぐ」仕事のワザと
コミュニケーション能力

人のつながりが様々な良い効果をもたらすことは第1章と第2章に述べたとおりであるが、そのつながりがどのように形成されるのかは十分には明らかにはされてこなかった。そこで、私たちはつながりを形成する人の役割に注目した。そのひとつが農業現場における普及指導員だろうと思われる。つなぐ仕事、グループ内の「触媒」になるようなプロの仕事について検討した研究はほとんど知られていないが、我々はこうしたプロの役割は実は非常に重要ではないかと予測した。そして実際第4章で紹介した調査で示されたように、社会関係資本の向上、つまり「つながり」の形成・維持が農村コミュニティにおける重要な要素であり、また、そこに働きかける仕事をしているのが普及指導員であることが明らかにされた。第5章ではこのような「農をつなぐ仕事」の中身についてもう少し具体的に、社会心理学的な観点から考えてみたい。

つなぐ仕事の意義

　第4章で示したとおり、「関係機関との連携調整」や「農業者同士の連携調整」など、「つなぐ」ことについての普及活動が、成果を挙げていることが示されている。これは「新しい技術の導入」など、より技術的な支援が必要そうな場面においてもしかりである。いったいなぜこのようなことが起こるのか。
　たとえば新しい技術の導入、というケースについて考えてみよう。新技術の導入は、理論的・技術的に信頼できそうなものであったとしても、実施経験の積み重ねがないため、もしかしたら作物がうまく生育しないかもしれず、**コスト**のかかる状況である。そのコストとは、失敗するリスクに関するコスト（予測される損失）である。さらに実際新しいことを始めるための資金というコストもある（導入コスト）。そのような心理的・経済的コストのある状況下で新しい技術の導入に踏み切ろうとする意思決定がスムーズにできる農家はなかなかいないだろう。誰しも「新しいこと」を始めるときに二の足を踏んでしまうことはある。普

第5章 「つなぐ」仕事のワザとコミュニケーション能力

新しい技術の導入についてみんなで話し合う

及の側としても、なかなか全ての人たちには勧めにくい。たまたまやる気があり先進的な取り組みに熱心な農業経営者がいれば別であろうが、そのようなケースでも結局その個人ばかりに負担がかかるということになってしまい、持続的な取り組みには結びつかない。

　こうしたときにもおそらく、「**連携調整**」に関する支援は機能するだろう。たとえば、ある地区で新しい技術を導入する。その際に一定の農場で試験的に実施するが、その際に生じるコストは地域全体で負担する、といった互助システム（セーフティー・ネット）を構築する。あるいはその他の関係機関と連携し、地域での事業として補助金を申請してみる、といったことも可能かもしれない。連携調整、つまりコーディネートに関わる活動は、心理的あるいは実際的にかかるコストを低減させる効果をもたらしている可能性がある。

　そればかりではない。いったん「つながり」ができた場合、個人では

できないような取り組み、あるいは問題の解決が可能になることがある。農業は自立した個々の経営体によって行われている側面が強い一方で、農村コミュニティ全体として共有される問題もあり、第2章で述べられているような灌漑設備の整備など、様々な面での「つながりのメリット」が発生するのである。

つなぐ仕事のワザ

尊敬される普及員に学べ

「つなぐ」仕事はなかなか目に見えないし、文章にするのも難しい。それぞれの現場や状況でこそ活きる要因も強く、従って個別性も大きい。それでも、筆者らがこれまで何人もの様々な地域の普及指導員の人たちと話をしてきた中で、彼らに共通する何かがやはりあるように感じられた。各人の持ち味やパーソナリティー、専門分野、対応してきた課題は異なっているにもかかわらず、である。どうやら、普及指導員に通底する哲学、感覚が確かに存在するようである。

　それは端的に言えば、「誠実に農業者の思いを理解する」「現場で起こっていることを、地域の人間関係なども含めて、丹念に知ろうとする」「農家と（少し立場の違う仲間として）苦労と喜びを共にする」ということに集約されるように思う。多くの普及指導員が口にした言葉である（本書の普及指導員によるコラム参照）。

　実際に全国調査データの中の「尊敬される普及指導員」の特徴を見てみると、この感覚がデータとずれていないと感じる（表5－1）。

　特徴のトップ5を見てみると、1位は、説得力のある言葉や行動を通じて相手を納得させるという「コーディネート機能」に関わるものであり、2位は知識や技術を実際に活かす、という「スペシャリスト機能」に関わる特徴であった。そして3位が農業者の視点に立ち、相手の心を理解しようとする人、4位が熱意や情熱を持って人に接している人、と

第5章 「つなぐ」仕事のワザとコミュニケーション能力

表5－1　尊敬される普及指導員の特徴（トップ10）

1	説得力のある言葉や行動を通じて相手を納得させる
2	知識や技術を実際に活かす
3	農業者の視点に立ち、相手の心を理解しようとする
4	熱意・情熱を持って人に接している
5	知識や技術を伝えるのがうまい
6	農家や関係者に働きかけて成長を促そうとする
7	農家や関係者のニーズに応えて支援したいという願望が強い
8	決断力がある
9	多くの知識・技術を持っている
10	農業者に自分が何を提供できるのかを考える

いうように、人としてのコミュニケーション力と他者志向性が挙げられていたのである。

しかもこの「尊敬する普及指導員の特徴」は2009年の近畿ブロックでの調査と2010年の全国調査で、ほぼ同じパターンになっていた。つまり地域特性にかかわらず、ロールモデルとなる普及指導員像が共有されていると考えられる。また、他業種との比較検討からも、他者志向性、それからチームワーク、視野の広さが普及指導員の特徴であることが明らかにされた。

暗黙知の見える化

「他者志向性」や「視野の広さ」は、頭で理解したとしても実際にそのように振る舞うことができるかどうかは難しい。こういった行動をすれば、こうした受け答えをすれば、他者志向的にふるまうことができる、というマニュアルはないし、たとえそうしたマニュアルを作ったとしても、そのとおりにやろうとして頭を使って意識しすぎてしまうと、たいていは逆にうまくいかなくなってしまうだろう。心理学ではこうしたものを「**手続き的知識**」ということがある。たとえば自転車の乗り方などがそうである。サドルにまたがり、ペダルをぐっと踏みこんでバラ

ンスをとって……といくら文章で説明されても、自転車に乗れない人が乗れるようにはならないだろう。これは体で覚える必要があることなのである。しかしそれでも、手続き的知識、つまり「**暗黙知**」の内容をなるべく明らかにしていくことは、次の2点の理由により、必要だと思われる。

　まず第1が普及関係者内での効用である。伝承されてきた普及の「つなぐ仕事」のワザは「暗黙知」として長年蓄積されてきたという（星野, 2008）。ともすれば暗黙知として閉じたブラックボックスに入れておく知恵やその仕事の重要性は、そこに深く関わっている人には理解できたとしても、第三者がその実態を知ることは難しい。特に普及指導員は農業地域において黒子に徹する傾向があり、成功事例などを見ていても実際に普及指導員が何をしたのかがなかなか見えにくく、むしろどのようにして農業者ががんばったか、ということが語られている。

　本当はここで有益な情報になるのは「どうやって農業者にやる気になってもらったのか」なのである。しかし、この点は普及指導の難しさでもあり、おそらくあまり自分が目立ってしまうと、農業者自身の自発的な動機づけが活性化されず結果としてうまくいかないことがあるのではないかと思われる。とはいえ、可視化しておけば、他業種からの評価を受けることになり、そのことがポジティブな効果を発揮することは少なくないはずである（何をやっているのかわからない、という組織に対して良い評価を与える人はあまりいないだろう）。

　暗黙知を可視化することの重要性の第2は、普及組織以外にとっての効用である。「つなぐ」仕事は農村コミュニティのみならず、実は様々なところで必要とされている。従って何らかの知識体系やつなぐ仕事の中身の「普及」が求められている。たとえば病院などの現場においても「つなぐ」仕事が重視されていることをしばしば耳にする。患者と医者のコミュニケーションが限られる中で、患者の意図や思いを汲み取った上で治療方法や現状を説明し、意思疎通をスムーズにする役割を看護師やソーシャル・ワーカーの人たちが担っているというが、体系だった知

識としてそのワザが明らかにされているわけではない。地域支援や国際開発援助（太田, 2004）、様々な場面で活躍するNPOなども、地域でのつなぐ仕事を手がかりとした運営を行っており、地元のリーダーとどうつながるか、人々の知恵や思いをどのようにつなぐか、ということが支援の効果の明暗を分けるという。

ワザの伝承とOJT

普及指導員が「尊敬する対象」として選んだ人は10年〜15年ぐらい上の先輩が最も多かったが、この点について何人かの普及員に尋ねてみると、「10年で普及指導員として一人前という感覚があるため、最も身近な尊敬できる対象はそのぐらいの年次の人になるのでは」「若い頃最初に面倒を見てくれる中堅普及員のイメージで、活動が具体的に見えた人だった」という意見があった。また、尊敬する対象としては同性が選ばれる傾向が高かったことから、自分の理想的な目標（ロールモデル）としてイメージしやすいということがあるのだろうと考えられる。

普及指導員と話をしていると、「かつての普及指導は人的資源も豊富にあり、若い普及員は先輩普及員にくっついて一緒に農家を訪問し、そこで見よう見まねで、先輩がどんな風に農家と関わっているのかを学んだものです」という話が出てくる（この話のあとには現在は普及指導員の数が縮小され、なかなかこうした「**OJT（オン・ザ・ジョブ・トレーニング）**」（仕事をさせながらトレーニングをする）がままならなくなってきたことが語られる）。

尊敬される普及指導員は説得力などのコミュニケーション能力を持ち、他者の立場に立つことができる人であることが明らかにされたが、そのような人の働きぶりを知り、「尊敬」を感じるにいたるまでには、やはり実際に農家と接するときの話し振りなどを知る必要があるだろう。これぞ暗黙知の伝達プロセスなのではなかろうか。

かつてOJTが頻繁に行われていたことは、普及指導員の「尊敬するロールモデルの存在」の多さにつながっているかもしれない。「尊敬す

る人」「憧れる人」の存在は、普及指導員としての職業意識やその伝承に深く関わると考えられる。つまり「～すべきである」と書かれている教科書を何度も読むことよりも、そうしたことを実践している人の動き、振る舞い、言葉遣いなどをすぐそばで観察することは非常に良い学習効果をもたらすに違いないのである（百聞は一見にしかず）。我々も普及指導については全くの素人であるが、読み物で知ったことよりも、何人もの普及指導員の方と直接お話をさせてもらったこと、さらには普及指導員が現場で担当する農業者と話をしている場面を見学させてもらうことで、納得し、理解できたことが多い。農家とのあうんの呼吸によるやりとりなどが、ワザの「暗黙知」そのものである。

ワザについての社会心理学的検証

ステレオタイプの克服：若き普及員の悩み

「若い人」に対するステレオタイプ（最近の若者は……）は、太古の昔から存在する。1990年に発行されている「普及活動研究会調査研究成果報告書」においては若い普及員の特徴として「現場に１人で行けない」「農家の要望にうまく応えられず足が遠のく」「話題がなく要件だけすませてかえってくる」「農家の話す言葉を理解しない」「受け身で聞いている」などの指摘がなされている。1990年に20歳と少々だった若者たちは2012年40を過ぎて中堅になっているはずだが、彼らからも「今の20代は……」と上述の指摘と驚くほど類似した声が聞こえてくるのである！

これには二つ理由があるだろう。その１、時代の変化にかかわらず（つまり「今時の」若者は……という指摘が間違っており）、実際に経験不足によりできないことがあるということ。おそらく、対人関係をベースにする「つなぐ」仕事において経験が問われることが多くあるだろう。その意味で、若者にはハンデがあるといえる。その２、若者でもで

きることは多いにもかかわらず、「若者はできない」という固定観念がある。そしてこのように周囲に思われていることによって、若者の側にいろいろな緊張感を生み出し、能力を発揮できなくなっているという可能性である。

　後者についてもう少し詳しく取り上げてみる。あるカテゴリーに属する人（年齢、性別、民族など）について、単純化されたイメージ（例：若者は頼りない）のことを**ステレオタイプ**という。ステレオタイプ自体は悪い意味のものも、良い意味のもの（例：A型はきちんとしている）も含まれる。そしてステレオタイプは、実はひるがえってその受け手にも影響してしまうことが知られている。

　ある研究は、女子学生に対する「数学が不得意である」というステレオタイプについて調べている（アメリカの研究だが、理系科目は男子の方が強い、というステレオタイプは日本と共通しているようである）。このステレオタイプは教師や男子・女子双方の学生に共有されているだけではなく、女子学生の数学に対する成績を「実際に」下げているということがわかったのである。研究においては、女子だけで数学のテストを行うクラスと、女子と男子を混ぜて数学のテストを行うクラスに分けた。そこでの女子の成績を比較してみると、男子がいる場合には「自分は女性である、だから数学ができないかもしれない……」という意識（**自己ステレオタイプ**）を持ちやすく、そのような**ステレオタイプの脅威**にさらされやすいときの方が、実際の成績が悪かったのである (Spencer, Steele, & Quinn, 1999)。これは結局「やっぱり女子は男子に比べて数学ができないですね」という教師あるいは本人たちの認知を再帰的に強化してしまうことになる。つまりステレオタイプは往々にして強まってしまうことを、そして「実際に女子の方が数学の成績が悪いではないか」という「事実」さえも作りだしてしまうことを意味している。

　ひるがえって普及の現場でも同じことは起こりえないだろうか。若手の普及指導員が抱える悩みについて、近畿ブロック普及活動研究会が平

成20年度に調査を行っている。それによると若手普及指導員は、「自分には技術力が足りない」と考えている傾向が強いという。それが結果として自信のなさにつながっているのかもしれない。そしてそのような自信のなさが、農業者から見て「頼りない」というイメージを持たれることにもつながるだろう。「頼りない」と感じる相手に対して信頼を示してもらうのは難しい。結果として農家との関係がうまくいかず、自信がますます減じられているのではないだろうか。

こうした悪循環のプロセス（自己の信念－この場合には自信のなさ－が、他者の信念－この場合には不信－を形成し、自分が最初に持ってい

> **みちくさ心理学 その3　予言の自己成就**
>
> 　あなたが予測した何らかのことが現実になる－このように書いてしまうと予知能力者のようですが、実際我々の日常生活、特に他者とのコミュニケーション場面ではしばしばこういったことが起こっているといわれています。
>
> 　たとえば、本文で書いた「自己ステレオタイプが強化される」という事例もしかりです。「私は若いからダメかもしれない」。こうした予測が的中するかのように、相手の反応が悪いことがあります。これは、実は①「私は若いからダメかもしれない」という心理状態が、②自分の（オドオドしたような）態度に表れ、③それが相手にとっては「頼りなく」うつり、④相手からの「素っ気ない行動」を導き出し、そして⑤「やっぱり私は（素っ気なくされるぐらい）ダメなんだ」と自信をなくし、ますますオドオドしてしまう、といった現象です。
>
> 　最初は個人が持っている幻想あるいは単なる予測にすぎなかったことが、こうした対人的コミュニケーション場面において「事実化」されてしまうことを、社会学者のマートンは「予言の自己成就」と名付けてい

た信念が強化される）は「**予言の自己成就**」（みちくさ心理学その3参照）という現象として知られている。思い込みかもしれない仮説的予言（「どうせうまくいかないだろう」）がコミュニケーションを通して本当になってしまう、という、極めて社会心理学的な（個人の心理的な状態が、他者に影響を及ぼし、現実が形成される）現象である。

この点は、現場に先輩普及員とともに行く、「OJTの必要性」を示唆している。信頼できそうな先輩普及員が「この若手は大丈夫ですよ」と最初の挨拶のときに農家に声をかけてくれていたら、どうだろう。失敗のインパクトを減じ、農業者の安心感を高め（いざとなったら責任を

ます（Merton, 1957）。

ある実験では、上の例の③から⑤にいたる経緯について示しています。初対面の男女が、顔を合わせずマイクを通してコミュニケーションをするという実験です。その際に半数の男性には魅力的な女性の写真を見せて「これが相手の女性です」と伝えられています。もう半数にはあまり魅力的でない女性の写真が見せられています。その後の会話を録音しておき、「女性側の」発言を分析してみると、相手に美人だと思われていた女性の方が、そうでない女性と比べて、実際にうまく会話ができていたのです。おそらく男性は、魅力的な女性に対してより良い雰囲気で話しかけるのでしょう。そしてそのような相手側の好意は女性側にも伝わり、女性側の態度も変化するということをこの実験は示しています（Snyder et al., 1977）。

「自分はこう思われるのではないか」と思っていることが相手のそれに応じた反応を引きだし、それが自分のそもそも思っていた認識を強化してしまうということがあるわけです。悪い面にこれが出てしまうと、とても困ったコミュニケーション状態になってしまいます。自信を持って相手に接することも大切なことなのではないでしょうか。

若い普及指導員とベテランが一緒に

とってくれる後ろ盾があるという安心感)、さらには先輩の現場での対人的な力を「見て学ぶ」ことにより、実際に経験を積むことができるかもしれない。要するに、農業者にも安心感を抱かせ、さらに対人的コミュニケーション能力の向上にもつながるようなOJTのあり方の検討が必要なのではなかろうか。

　ちなみに先に紹介した平成20年度近畿ブロック普及活動研究会の報告によると、若手の普及指導員はより技術を身につけたいと感じているのに対し、ベテランの普及指導員は若手に不足しているのはコミュニケーション能力であると感じているという興味深い結果が示されている。世代間での認知のズレは、普及経験がもたらすものなのか、それとも時代性なのかは今後検討していく必要があろう。若手は技術力を通して早く自信を身につけたいということかもしれないが、実際にはコミュニケーション能力を身につけることで、相手からの反応が変化するということ

があるだろうし、技術力は個人単独で学べるものではなく、いろいろな農家の取り組みを参照して聞いて回ることによって、磨かれる側面も強いということを、ベテラン普及員は経験的に知っているのかもしれない。

「専門スキル」の重要性

　普及指導員の仕事の中では、コーディネート機能がより普及活動上の効果を持っていることが今回の調査から浮き彫りになった。それぞれの問題のタイプごとの有効な支援を見た結果、関係機関との連携調整や農業者同士の連携など、いわゆる「つなぐ」普及活動が、多くのタイプの課題において対象の喜びや状況改善度に効果をもたらしていた。この結果は「つなぐ支援」に大きな意味があることを示唆するものである。

　一方で、生産技術に関する支援はあまり大きな効果を持たなかった。おそらく技術的な支援が求められる場面は難易度も高く、また、明らかな効果をもたらす魔法のような技術はなかなかないため、具体的な効果を得にくいということが影響していると思われる。

　しかし、だからといって生産技術に関する支援、つまり普及事業における「スペシャリスト機能」がおろそかにされるべきではない。実際、地域の抱える問題としては生産技術に関するものが多く挙げられており、普及指導員が地域から求められ、頼られる場面の多くは、生産技術の指導に関連することであるといえよう。また、生産技術の紹介は農業者や関係機関との連携調整と同様に、実際によく行われていた。

　技術力とコミュニケーション能力を両輪として機能させることは実は非常に重要ではないかと考えている。たとえば全く何の専門性も持たない人が突如集落に現れて、「地域の皆さんの間の信頼関係を構築したいのです！」と言われたら、どうだろう。地域の人々の間の信頼関係を高めるどころか、その人自身が信頼されることも難しくなってしまわないだろうか。何らかの技術を持っていること、専門性があることで他者から信頼され、それによって本人も安心し自信を持ってコミュニケーショ

ンができるという側面を見逃してはならない。

　また、「つなぐ仕事」には、継続性も求められ、そのためには一定の収益を挙げていくような専門性も必要であろう。森本（2009）は互助性をベースにしつつも、収益を挙げていくことによる集落営農事業の継続性・持続性について述べている。また、藤田（1995）も、第1次産業が経済的価値のみで評価される国際的な市場原理の中、非常に厳しい状況を迎えている農業において、普及活動は従来の「伝達機能」「教育的機能」を超えて「相談機能」「提案機能」「組織化機能」を重視するべきであると指摘している。こうした経営力に関することについてもやはり専門的な技術・知識は必要である。

情熱と他者志向性

　「つなぐ仕事」とそれ以外の仕事の特徴の違いを明確にするものとして、「尊敬できる人」（ロールモデル）の特徴に関する検討（第4章参照）が行われた。そこで「つなぐ仕事」に特徴的だったのはやはり**他者志向性**と**情熱**、ということができる。

　情熱、というキーワードを耳にしたのは、ある普及活動に関する報告大会で、筆者が話をした際であった。そのとき会場から「情熱は人を動かします。情熱というものについて、心理学はどう考えるのですか」という質問を受けたのである。ドキリとした。情熱……確かに人を動かすものとして情熱はとても大切だ。ただ、この言葉に正面から向き合った心理学はあるだろうか。たとえば繰り返し同じメッセージを発し続けることによる説得の効果などの研究があり、これは「情熱」と関連しそうである。はたまた「好意」がもたらす効果についても研究はあり、これも「情熱」と関係しているような気がする。しかし「情熱」そのものについて実験社会心理学（あるいは行動科学）的に取り上げている研究を目にしたことはなかった（ためしに社会心理学のいくつかの本の索引を見たが、情熱という項目はない）。

　普及を形づくるものの重要な要素が情熱であるとすれば、それは単な

第5章 「つなぐ」仕事のワザとコミュニケーション能力

る「根気強さ」や「好意」とは異なるように思われる。それよりは地域との心理的な「**コミットメント**」（第6章参照）、地域のビジョンを真剣に考え、その実現のために真摯に働きかけること、これが鍵になっているのではないだろうか。

　たとえば新しい技術などを導入する際や、新しい営農法人を立ち上げるときなどにはリスクが伴う。このようなリスクを引き受けて導入に踏み切ることができるのかどうか。これは大きな問題である。農家の間では迷いが生じることも当然であり、いろいろな面で行き詰まったときに先が見えない気持ちに襲われるだろう。もしもそんなときに、しっかりとしたビジョンに裏打ちされた情熱で支えてくれて、背中を押してくれる人がいたら、どうだろう。きっともう一度やってみよう、という気持ちになることがあるのではないだろうか。筆者が参加したある普及事例の報告会では実際にそのようなケースが発表されていた。法人支援において、迷い始めた人々を支える。失敗時にも励ます。こうしたことは情熱なしには成し遂げられなかったのではないだろうか。

連携活動

　普及指導員への調査において、筆者らは「連携活動能力尺度」というものを用いた。これは、どれだけ自分の所属場所（普及センターなど）以外の集団に関わっていくか、という「**連携活動**」の程度を測るものであった。たとえば集落や関連機関（役場やＪＡなど）での飲み会に参加するか、集会に顔を出すか、などなど。そして結果として連携活動は、普及活動上の効果を持っていた。たとえば連携活動を積極的に行っている人が担当している地域では、住人同士の信頼関係が高かったのである。地域の将来に関わることであれば、農業者のみならず地域の様々な人たちとの議論や合意が必要であり、そのために関連機関との連携は欠かせないことであろう。

　人と人のコミュニケーションにおいては、ふとしたきっかけで、かつリラックスした状態でぽろりと口にする言葉－かしこまった「意見交換

の場」ではなく−というものには本音が含まれやすい。ふとした一言を拾い上げるためには、やはり接触する頻度、できればインフォーマルな議論が交わされるような場にも出かけること−連携活動−が必要になる。

つながりの連鎖

普及指導員への全国調査を行ってみて、筆者ら自身「これは面白い」と思ったのは、つながりの連鎖についての結果である。つまり、普及指導員が所属する職場の人間関係が良いと、彼らが担当する地域の中での信頼関係も高くなる、という結果である（図5−1）。

地域住民の信頼性・信頼感を向上させる普及指導員の特徴を調べてみると、先にも述べたような「連携活動」に加えて、普及指導員自身の職場の人間関係が効果を持っていた。普及指導員の職場の人間関係が良ければ良いほど、その人が担当する地域の人たちの間での信頼関係が良い、というのは、実は不思議な現象である。つまりAという組織で良い人間関係がある、そこに所属する人がBという組織に関わっているうちに、Bの組織の人間関係も良くなる、というようにAさんの行動を媒介にして「**つながりの連鎖**」が起こっているからである。

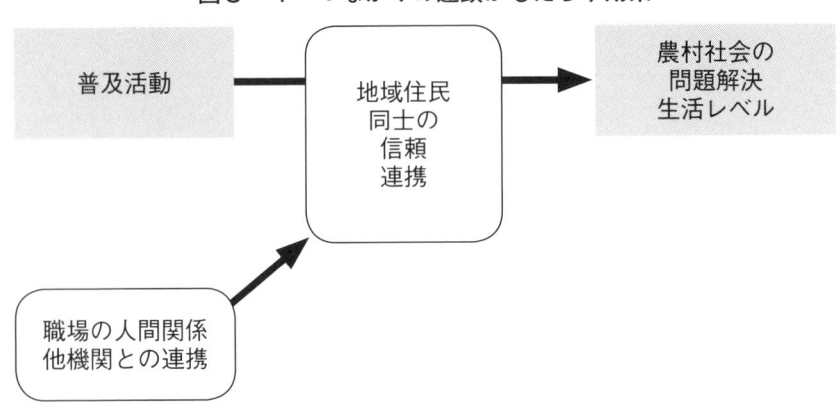

図5−1　つながりの連鎖がもたらす効果

普及活動　→　地域住民同士の信頼連携　→　農村社会の問題解決生活レベル

職場の人間関係他機関との連携　→　地域住民同士の信頼連携

第5章 「つなぐ」仕事のワザとコミュニケーション能力

　こんなことがなぜ可能になるのだろう。ひとつの可能性は、人間関係の良い職場にいる人は、その中からいろいろな支援やアドバイスを得やすいために、地域での活動をスムーズに行える、そしてその結果として地域のつながりをうまく形成できる、というサポート説。二つめは、自分の所属する職場での人間関係の良さをモデルとして地域で活動を行い、うまく人をつなぐことができる。これはモデル説。三つめは人間関係の良い職場にいる人は幸せであるなど、何か明るい態度を持ちやすく、それゆえに地域での求心力を発揮する、というオーラ説（？）である。まだ他にも可能性はあるかもしれず、筆者らもそのメカニズムまでは検証できていないが、このような「つながりの連鎖」はあちこちで起こりうる現象かもしれず、注目すべき事象であろう。

　そう考えると、自分の足元である職場の人間関係というのは実は活動の重要な基盤であり、自分の周りの人を振り返って、身近な人間関係をまずは大事にしてみることは大切かもしれない。いずれにしても、農村コミュニティの社会関係資本を構築・維持することを職務とする普及指導員の仕事ぶりには、その普及指導員を取り囲む社会関係資本（職場の人間関係）が影響を及ぼしているのである。

「普及」概念の応用可能性

　農業の普及においては特に「農業者の有益性のためのみならず、その普及を通じて、国民にとって重要な農業を維持発展させていくことにも資するという目的を併せもっている。すなわち、公共性が強いのである」（藤田, 1995, p. 43）と指摘されているような特徴がある。こうした取り組みはたとえば開発援助のケースなどにも援用可能性があるだろう（太田, 2004）。

　国民、とまでいかなくても、地域住民や所属する機関全体についてのある程度の「公共性」が視野に入れられた活動は、実は現在地域社会やその他の現場でかなり着目されるようになっているのではないだろ

か。新しい技術の伝達と共有ということであれば、企業や大学においてもある種の「普及」は存在するだろう。

佐藤・土井・平塚らは『つながりのコミュニティ』という著書において、まさに「つなぐ人」たちの様々なケースを取り上げている。たとえばバスを町に走らせる、アートを通じて地域を活性化する、などの取り組みである。彼らはこうしたソーシャル・キャピタル（社会関係資本）をつくる人たちの能力を「**パーソナル・キャピタル**（ここでは、ソーシャル・キャピタルに働きかける個人の資質）」として概念化を試み、個人の能力が人とつながることによって増殖し、個人の能力の総計以上のものを生み出す力、としている。

ここで挙げられている様々なケースに共通する要素は、地域の力を巻き込んで目的意識とビジョン、あるいはリスクを共有すること、また地域の結束力だけではなく外部にも開かれ、新たなつながりを生み出していること、日常生活と結びつけることで持続可能性をもたらすこと、そしてそれらの活動の背後にビジョンを呈示し働きかけるキーパーソンのパーソナル・キャピタルがある、というのである。

昨今では医療や教育の現場でのコーディネーターの必要性も指摘されているが、そこでは普及活動のスキルを活かすことができるかもしれない。日本は特に、アメリカなどと比較して、暗黙の了解などのコミュニケーションツールが頻繁に用いられ、複雑な他者理解が要求され、それによって相互の結びつきを確認している社会である。日本社会でのコミュニケーションのあり方を見直す上でも、普及指導員のスキルの分析は、重要視されてしかるべきであろう。

第5章 「つなぐ」仕事のワザとコミュニケーション能力

コラム❼
普及の温かさに育まれて

元・京都府農業改良普及員　高橋 修

　私は1930年生まれで現在82歳である。1952年（昭27）に京都府に採用され、1988年に退職するまでの36年間、農業改良普及事業に携わってきた。退職後の途上国数ヶ国におけるJICA（国際協力機構）、農業改良普及支援協会、ペシャワール会（NGO）の仕事も、現職当時と同じ普及の仕事であった。現在も毎年いくつかの大学から経験談をお話しする機会を与えていただき、新採後60年を経て今なお普及活動が続いている気分である。

　それにしてもこの60年間、これといった技術も、もちろん公権力もなく、ひたすら人間関係の坩堝（るつぼ）の中でよく続いてきたものだと我ながら不思議な感じがしている。

　後期高齢者にカウントされて久しく、間もなく記憶力が薄れていくと予想されるので、この機会に、なぜ60年間一筋に普及という仕事を続けてこられたのか、自らの心の内を覗き見してみたいと思う。

　改めて振り返ると、この60年の間、実にいろいろな出来事があった。

　右も左もわからない新任普及員の当時、農家との人間関係づくりを秘かに援助してくださっていた所長・先輩のこと。技術の間違いで大損害を与えた農家から再度一緒にトライしようと逆に慰められたこと。スリランカで不合理なプロジェクトの枠組みと日本人専門家たちのエゴ思想に困り果てていたとき、リーダーである私の心中を理解し、率先して実践してくれた現地スタッフと農家のこと。アフガンで五里霧中の私を仲間として迎え入れ、喜怒哀楽をともにしてくれた農家と日本人ワーカーたちのこと。等々が昨日のことのように甦ってくる。

　不思議なことであるが、自分自身の力で切り抜け、築いてきた思い出よりも、多くの方々の温かさに見守られ、ソッと助けていただいた思い出の方が遥かに多く、感謝の念とともに強い印象として残っている。この中には立場が異なる普及外の方も多く、異業種の相互理解が私の視野と普及の裾野を広

文化の違いと言葉の壁を乗り越えて、カウンターパートと話し合い（インドネシア）

げることに役立ってきたように感じている。

　この多くの方々からいただいた温かさが、圭角多い私を60年間普及一筋に駆り立ててきたように思う。見方を変えれば、永年普及関係者で使われてきた「相手の側に立って」とか、「農家と同じ目線で」の用語が示す普及の本来的な温かさの中に、心の安らぎと意欲の源泉を見出していたのかもしれない。

　ひるがえって私自身、多くの方々からいただいた温かさを社会にお返しできているであろうか。自らの足跡を省みて恥ずかしくなるが、もう一言述べさせていただく。

　社会は人と人のつながりによって成り立つ。その人と人をつなぐジン帯は、経験上温かさであるように思う。人ごとを我が身に置き換え、周囲を思いやることから社会の連帯感が生まれ、その連帯感は幸福感とともに新しいエネルギーを創り出していく。

　この度、普及事業が果たしている社会的役割に注目され、玉稿「農をつなぐ仕事」が出版されることになった。ともすれば早急な物的成果のみが評価され、成果をもたらす地道な努力が軽視される風潮の中で、後者を担っている普及事業について、核心に迫る解析をいただいたことは、永年普及事業をライフワークとしてしてきた私にとって無上の喜びである。

　その温かさを紡ぐ普及という仕事に60年間携わってきた誇りを胸に秘め、残された人生を歩んでいきたいと思う今日この頃である。

第5章 「つなぐ」仕事のワザとコミュニケーション能力

コラム❽
人と人をつなぐ仕事

医療法人社団 千春会　元・京都府京都乙訓農業改良普及センター所長　山内俊子

　こころの未来研究センターとの初めての出会いは、京都府普及職員協議会の役員をしていた平成20年に、吉川センター長に京都府南丹広域振興局まで講演に来ていただいたときです。吉川先生は「人と人をつなぐ仕事の大切さと合わせて、普及分野の仕事は今後もますます重要性を増すでしょう」とやさしく丁寧に話してくださいました。地域社会の中でいろいろな立場の人の意見を聞き本音を聞き出し、本当に必要なことを合意を得て進めるため、黒子になったりしながら行政につないでいく農業改良普及の仕事の大変さとおもしろさに、先生は共感し励ましてくださいました。

　その後、農村ネットワークにおける普及員の役割に注目し、円滑にネットワーク形成を行うスキルなどについて全国の普及員を対象にした大規模な調査を実施された内田先生の講演も聞かせてもらいました。吉川先生、内田先生の農家調査に同行したりしながら心理学分野の研究者の人たちのインタビューから多くのことを学びました。初対面の人にこころを開いてもらうためのアプローチをとても丁寧にされているのがわかりました。第一印象と、最初のアプローチの重要さを知りました。

　私は今、医療法人で新しい仕事にワクワクドキドキしながら取り組んでいます。年齢を忘れてチャレンジしたいと思ったのは、普及の仕事を長年続けてきて「思いがあれば道は開ける」ということを現場や普及員の仲間から教えてもらったからだと思っています。今思い出すのは、普及員として新しい地域に赴任し最初に挨拶回りをするときのことです。人と関わる仕事をするとき、第一印象や熱意、相手の思いを本気できちっと聞き取っているか、また聞こうとしているか、相手は一瞬にして見抜こうとされます。また聞き取った相手のニーズを一緒に考え解決に向けて対応してくれているか見ておられるのだと思います。そして普及のそのスタンスはどこにいても、どんな組織であっても共通なのかなということを強く感じています。特に医療関係

の施設では体調のよくない人、病気の人、弱い立場の人が来られるのですからなおさらです。ホスピタリティーのこころが強く求められるのは当然のことでしょう。医療法人で働きはじめて、普及センターの仕事と同じ思いで進んでよいのだということを発見し、とてもうれしい気持ちです。それは当法人の理念が、①患者・利用者の自立を支援し良質の医療・看護・介護を提供する、②仕事に誇りと責任を持ち社会人としての向上を目指す、③事業の充実により住民の健康増進と地域社会の発展に寄与する、なのですが、患者・利用者のところを農業者に、良質の医療・看護・介護のところを農業技術・生活技術に置き換えたら、基本的なところは同じ思いで進んだらよいのだということがわかったからです。

「常に住民、特に農業者と直接対応する普及の仕事」は新規事業を考案しその執行管理をする一般行政の仕事とは一線を画する部分があるかもしれません。しかし広い目で見ると、その新規事業を検討する際に本当の現場ニーズをつかんでいる普及の強みはもっと強調されてもよいのだろうと、普及の仕事を離れて今さらながらに感じているところです。限られた農林関係予算を現場ニーズに添った形で使うためには新規事業策定にかかる会議の中で普及現場の意見をしっかりつないでいくことが大切なのだと思うこの頃です。

今回、内田先生から声をかけていただいたおかげで、普及員として働いてきたことを振り返り、これからの仕事にどう活かしていくかを考える貴重な機会を与えていただきました。感謝です。

第6章

「つなぎ」力アップへの社会心理学的アプローチ

心理学では人のこころを動かすことがいったいどのような場面で起こるのかが実証的に検討されてきた。人のこころを動かすワザは人のこころをつなぐワザにも通じる。ここではいくつかの例を紹介しよう。

つなぐワザの心理学：対人相互作用

相手は何を思う？　共感と思いやり

　日本社会は**視点取得**（パースペクティブ・テイキング）を重要視する。かつて筆者は日本文化における「**思いやり**」について研究していたことがあったが、英語のsympathyやcompassionと違って日本の思いやりにおいて重要視される柱のひとつが「相手の立場を察する」ことであることがわかった（内田・北山, 2001）。相手に頼まれてから行動を起こすのではなく、自動的に相手の気持ちを理解して、必要な手助けを行う、こうしたものがよりよい「思いやり」として定義されているのである。

　また、「困ったときに直接相手に助けを頼むかどうか」ということについての国際比較研究によると、アメリカ人は直接頼むことが多く、頼んでから受け取った支援が実際効果的なのに対し、アジア人は直接頼まないことが多く、相手が気持ちを「察して」自ら率先して行ってくれた支援が効果を持つことなどが明らかにされている（Kim et al., 2006; Taylor et al., 2002 など）。つまり察しに基づく思いやりは、日本における人間関係をスムーズにし、適切な援助につながるものである。

　普及指導においては、農業者が自立的に活動することを支援する中で、農業者の抱えている課題を理解し、その課題の解決に向けた支援を行う。その意味において、農業者の立場を理解することは必須である（藤田, 1995）。全国農業改良普及協会（名称は当時）が発行している『進めよう自己研修・職場研修』では、初めて訪問する相手についてあらかじめ知っておくべき事項はないか、相手が対話を拒否したときにどのように話のきっかけをつかむべきか、信頼を得るためにはどのよう

に接するべきか、ということについて考えておくべきであると述べられている（本書普及指導員によるコラムを参照されたい）。

その際の方法として「**ロールプレイング**」が重要であることも示唆されている（p. 18）。これは**視点取得**の重要性を示唆している。ともすれば農家－普及員、という「あちらとこちら」の関係性の枠組みに慣れてしまい、相手側にこちらの言葉がどのように伝わるのかについて鈍感になってしまうこともある中で、相手の視点から考えることは信頼関係の形成には重要な要素である。

自分を知ってもらうこと、相手を知ること

自分の内面やプライベートなことなどについて相手に伝えることを「**自己開示**」という。自己開示は相手との信頼関係を深め、親密さを上昇させる手段であるとされている。しかし自己開示は日本人が少し苦手とすることのひとつであるように思われる（Schug et al., 2010）。相手の「人となり」を見極めるまで、自分の本音はなかなか出せない、ということだろう。しかし一方で相手の人となりについても、相手による自己開示がなければわからない。結局お互いが「相手を見極めるまで……」と思って黙っていれば、いつまでたっても胸襟を開きあうことはできない。

こうした「堅さ」（お見合い状態）をほぐしてくれるのが「イベント」である。日本人が「相手との関係を深めたきっかけ」を調査してみると、一緒に旅行したとかお祭りに参加したとか、何らかのイベントをきっかけにしていることが多い。同じ状況（できれば苦労）をともにすることで連帯感が生まれ、自然と自分について互いに語り始めるということは日常的にも経験されることだろう。あるいはお酒の力を借りることもあるかもしれない。

そうしたことがなかなか難しい場面では、やはり思い切って自ら胸襟を開くことや、相手が関心のある話題を向けて、「あなたの話を聞きたいと思っている」という姿勢を示すことは重要だと思われる。筆者の乏

しい経験からではあるが、様々な職業、立場、年齢、性別の人と出会うことを通して実感しているのは「相手に関心を持つこと」そして「相手を尊重し、好きになること」の重要性である。自分の利益や目的のために相手から話を引き出そうとしても、必ずうまくいかない。それはセールスマンの押し売りと同じである。

しかし、自分の利益や目的のためではないコミュニケーションを目指したとしても、「自分の利益や目的のためではない」ことをどう相手に伝えればいいのか。「あなたのためです！」「私は自分の利益など、求めていません！」など、言えば言うほどセールスマンの押し売りになる。自己開示、すなわち「胸襟を開く」ことは、こうした状況で誠意を暗に伝達するひとつの手法になりえる。

そもそも、なぜ自己開示をすることは信頼関係を深めるのか。それは、自己開示がリスクを伴う行為だからである。誰にでも話せる内容ではなく、普段はそっと隠していることを相手に伝える。もし相手が悪人なら、その秘密を言いふらされたり、悪用されたりするかもしれない。そんな内容を相手に伝えるのは、相手を信頼しているからこそである。そうした自己開示をすることで、「あなたを信頼しています」と口で言うよりもよほどはっきりと、行為でもって相手への信頼を伝えることができる。

同時に、そうして開示されたあなたの秘密は、相手に渡されたあなたの「人質」にもなる（Schelling, 1960; Yuki & Schug, 2012）。あなたが相手を裏切るようなことがあれば、相手はその秘密を他人に話すなり何なり、あなたの不利益になるようなことをすればいい。それがわかっているから、あなたは相手を裏切ることはない。つまり、自己開示を行うことは、相手に対するあなたの信頼を伝えることになるのである。

ただし、重大過ぎる秘密の開示は、相手にとって重荷にもなる。「ほどよい」自己開示が必要になるが、ここは第5章でも触れた暗黙知に関連した「経験と勘」が必要になる領域だろう。また、自分の話だけを相手に伝えて受け止めてもらおうとすることも、うまくいかない。自己開

第6章 「つなぎ」力アップへの社会心理学的アプローチ

自己開示には双方向的な対話が欠かせない

示は一方的になるよりも、バランスがとれていることが重要であるとされている。相手の話ばかり聞き出そうとしても、「イマイチよくわからない相手」にそれほど開示してくれないことは自明である。

あなたを受け止めたい、なぜならあなたに関心と好意があるからだ、という姿勢を向けてくる人を、人は無碍(むげ)にはできないものである。先に紹介した『進めよう自己研修・職場研修』にはこのように書いてある：

> 普及員は、普及活動に経験を積むほどに「人が好き」になり、「おしつける面接」から、「引き出す面接」になり、「相談する面接」が出来るよう、常に「今日の反省」と「これからの計画」を心掛け、そして実践することが重要です (p. 24)。

141

聞くことの価値

　日本語のコミュニケーションは曖昧である。よく聞かなければ相手が伝えたいことの真意がわからないことも多い。言語学的にも、日本語は微妙なニュアンスで相手に意図を伝える言語であり、そのため「誰がいつどこで聞いても同じように理解できる」ものではなく、文脈に依存し（**高コンテクスト**，Hall, 1976）、聞き手に解釈と理解の責任がある「**受信者責任型**」のコミュニケーションとされている（バーグランド，2004）。

　相手が曖昧なことを伝えてくる場合や、うまく話がつながらないこともあるだろう。そのようなときにもじっくり耳を傾ける姿勢をつくっておくこと（**傾聴**）は思いのほか重要である。

　カウンセリング対話の研究においては（吉川・長岡，2011）、相手の話を聞くプロであるカウンセラーのワザについて、実験心理学的な方法で実証研究が進められている。研究では、プロのカウンセラーと相談者が模擬的な面接を行う。その際のプロのカウンセラーがどのような行動や発言を行っているのか、などが検討されている（たとえばカウンセラーは相手の話を聞いているときは、自分が話しているときよりも瞬きが少ない、などのことが明らかにされている）。

　カウンセリング対話と日常の対話には大きな違いがあるので（たとえばカウンセラーは50分間という比較的長時間の対話を定期的に行う、話される内容は内省的なものが多いなど）日常会話にそれをそのまま応用することはできないが、ひとつ示唆深いのは、プロのカウンセラーはじっくりと相手の話を聞くようにしているということである。まさに「傾聴」であるが、これによって思った以上に深いレベルのところまで相談者が話をするということがあるようだ。相手の話をまず受け止める態度、じっくり聞く態度というものが、相手の話を引き出す手がかりになる。

　また、相手から折角聞いた話を無駄にしないことも、「きちんと話が

伝わった」と感じさせることのひとつであろう。相手の話を忘れないようにし、もしも質問や疑問が口にされたときには次回までに伝えるようにする、という事例がコラム②などでも語られているが、相手の話を傾聴し、それに誠実に向き合うことへの努力の積みかさねが、信頼につながる要素となるであろう。「きちんと聞きました」ということが示されなかったときにはガッカリして、人はそれ以上語らなくなってしまうだろう。

同調と模倣の効果

さらに、表情や身振り手振りなどの模倣の果たす役割についても検討がなされている。これは「ミミッキング」あるいは「ミラーリング」といわれるものであるが、人は無意識のうちに相手の表情や身振りに同調（同調的表情応答）することがあるとされている。たとえば相手がにっこり笑ったときには自分の表情も和らいだり、相手が肘をついて話をしたり頭に触ったりすると、自分も同じようにしてしまう、といった現象が知られている（吉川, 2010）。そしてそのようなことをしてきた相手に対して共感と好意が増すというのである（Chartrand & Bargh, 1999; Lakin & Chartrand, 2003）。これには、相手の行動を見たときに自分が同じ行動をしたときと同じ活動を示す「ミラーニューロン」の神経活動が関与しているとされている（Caggiano et al., 2009）。

そもそも人は、自分と共通点を持ち、類似した他者を自分の「身内」あるいは「内集団」と見なし、好意を示す傾向がある。たとえば誕生日や出身地が一緒だったり、趣味が共通したりしているということがわかっただけでも一気に話が盛り上がり、親近感が生まれることがある。表情や行動の同調が好ましさにつながるメカニズムはこうした**類似性**に対する肯定的評価と関わっているのではないかと考えられる。

見れば見るほど好きになる

現場に頻繁に通うことは、農業者からの信頼獲得につながることが予

測される上に、普及指導員自身が「仕事が楽しい」と感じる感覚にも影響する。さらに、現場に足を運ぶことにより、農業者から学ぶこともあるかもしれない。

現場に足を運べば、おのずと相手と何度も接触することになる。接触すればするほど好きになる、これは**ロバート・ザイアンス**が実証した有名な「**単純接触効果**」である（Zajonc, 1968）。単純接触効果は特に新規の事物、すなわちこれまで見たことがなかったものについて起こる（みちくさ心理学その4参照）。とすると、現場に着任してすぐの頃の単純接触が重要であることがわかる。転勤や異動の多い普及指導員にはひとつの手がかりになるかもしれない。

普及指導員の担うべき行政関連業務、事務的業務の増加などのため、実際に地域に足を運ぶことが難しくなっているとの声が多く寄せられており、調査の結果でも、普及指導員が実際に地域に足を運ぶことが困難になりつつあることが示唆された。特に、50代の管理職業務にあたる人では、現場で過ごす時間帯の割合は減少しがちになるだろう。地域に足を運ぶ頻度が減少していることは、現在の普及指導員が抱える重要な問題であると考えられる。

単純接触効果の重要な点は、「ただ見る」回数が増えるだけでその対象を好きになるところである。その対象（たとえば新任の普及指導員）を見ることで何か特別に良いことがある（たとえば、その人が面白い話や有用な情報を提供してくれる）わけでなかったとしても、とにかく見る回数が多いことでその対象を好きになりやすいのである（ただし、嫌なことが起こらないことも重要である）。忙しい毎日の中で、忙しい農業者を訪問することが躊躇されるとしても、ただ「顔を見せる」ことにもそれにはそれの価値があると考えられるのである。

説得のコミュニケーション

何かものを頼むとき、ストレートにそのまま頼んだからといって相手は動いてくれない。たとえそれが頭では納得できることだとしても。尊

みちくさ心理学 その4　単純接触効果

ザイアンスは何枚もの単純な図形（あるいは、当時のアメリカ人には何の意味も持たないただの記号だった「漢字」）を実験参加者に見せるという実験を行いました。ただし、実はその中には「何度も見せられる図形」と「1回しか見せられない図形」があったのです。一連の提示が終わった後、実験参加者にどの図形を「好き」だと思ったかを答えてもらいました。すると何度も見たものがより好かれているという結果が示されたのです。この研究はその後も様々な条件で、多様な材料（音楽なども）を用いて示されています。

ただし、見れば見るほどどんどん好きになる、ということではありません。あまりに見ると限界点に達してしまうため、いつまでも好みが上昇するわけではないのです。見慣れた配偶者の顔を見れば見るほど好きになって情熱的になる、というわけでは（残念ながら）ないことは日常的に経験されるのではないでしょうか。

しかし、なぜ、ただ見るだけで好きになる……という「単純接触効果」が起こるのでしょう。ひとつの解釈は、「安全性の確認」です。人は新規なものについては「危険か安全かわからない」という警戒心を抱く傾向があります。しかし何度接触しても危害が加えられることがないとすれば「安全」が確認されて、警戒心が解けるでしょう。言われてみれば単純な原理です。このことは、単に何度も会いさえすれば（何をやっても）好みが上がるわけではないことも意味します。つまり一度でも会ったときに「危険だ！」という警鐘が（頭の中で）鳴らされてしまったら、単純接触効果は起きないのです。

敬される普及指導員の特徴の第１が「説得力のある言葉や行動を通じて相手を納得させる」であったことは示唆深い。いかに説得力を持つことが大切か、そしてそれが誰にでもできる簡単なことではないということを表している。

　説得のコミュニケーションに関する研究は、実は社会心理学の分野で多く実施されている。説得されるかどうか（**態度変化**）にまつわる要素には様々なことが関わっていることが知られているが、たとえばメッセージの送り手がどういう人であるか（信頼できる人か、魅力のある人か）、内容はどれだけ納得のいくものであるか、受け手はどういう態度・性格の人であるか、何をもって説得が行われるか（直接話すか、メールや手紙を使うか、何か説得力のあるツールを使うかなど）などが挙げられる。

　ただし、これらの要素はいついかなるときにも同じように働くわけではない。たとえばいくら魅力的な人がＣＭに出ていたからといっても、その人が宣伝するものをいつも購入しようと思うわけではないだろう。また、繰り返し説得されたからといってうまくいくとは限らない。説得されないようにしようと、人は無意識のうちに自衛するようになり、余計に頑固になってしまうこともある（予防接種を受けたときのように、説得への抗体ができてしまうので「**接種理論**」と呼ばれる；McGuire, 1964）。

　説得される側における要因を明らかにしようとしたのが**精緻化見込みモデル**である（Petty & Cacioppo, 1986）。この研究によれば、説得されるかどうかには次の二つの要素が関わっているという。ひとつが、メッセージの内容がまっとうなものかどうかを精査しようとするかという、メッセージの受け手の態度（関心）の問題。もうひとつが、メッセージについてきちんと理解し、吟味することができるかどうかという、受け手の認知的能力の問題（ここでいう認知的能力には、個人の持っている能力のことだけではなく、たとえば忙しくて他のことで頭がいっぱいの状態、などの状況要因も含まれる）。

　そして、受け手がメッセージに関心があり、かつ認知的能力が高い状

第6章 「つなぎ」力アップへの社会心理学的アプローチ

態にある場合には、「**中心的手がかり**」といって、メッセージの内容そのもの（たとえば、理にかなった話かどうか）が、説得がうまくいくかどうかの決め手になる。反対に、受け手がそもそも関心を持っていなかったり認知的な能力も低い状態にあったりする場合には、「どんな人が説得してきたか」「信頼できそうな人か」「専門家かどうか」など、メッセージの内容そのものとは関係のない「**周辺的手がかり**」が決定要因になるというのである。

　具体的に考えてみよう。あなたはぼんやりとテレビを見ていたとする。CMの映像が目に入ってくる。そこでの商品はあなたにとってあまり関心のないもののひとつであったとする。今度スーパーに行ったときにその商品を手に取ってしまうかどうかは、CMに出ているタレントが好みの人物だったかどうか、という周辺的ルートに規定されやすい、ということになる。

　反対に、あなたは仕事上の重要な案件について考えている。そのときに同僚から具体的な提案が出された。それを承諾するかどうかは、同僚が好人物かどうかよりも、その提案の中身（中心的ルート）に規定されがちである、ということである。つまりメッセージの受け手がそのことに関心があり、時間をかけて考えてくれるような事象であるときには「中身で勝負」し、相手があまり関心もなく、考える時間もなさそうな事象であるときには、「こちらが信頼に足る、専門的な人物である」ことを理解してもらうことが重要になるということであろう。

　また、社会心理学で登場する説得の理論として、最初は承諾しやすいことを依頼し、その後でより大きな（真の目的たる）依頼を行う「**フット・イン・ザ・ドア法**」(Freedman & Fraser, 1966) もよく知られている。大きな目標の実施（たとえば地域ブランドを作成するために農家に投資をしてもらう）のために、まずは小さな依頼（地域ブランド立ち上げ自体に賛成するかどうかの署名をもらう）などから行う、といった方法である。これは突然大きな依頼をされる（いきなり出資してくださいといわれる）場合よりも応諾率が高いことがわかっている（人間は一

貫した行動をしようとするからであるとされている）。

つなぐワザの心理学：やる気を促進する見守り手

意思決定の見守り手

　様々な支援を行うとしても、最終的に意思決定を行うのは農家である。こうしたことは普及指導の場面に限らずとも、相談される側に発生することである。

　このような意思決定を促進すること、そしてそれを見守ることはどのように行われるのであろうか。

　社会心理学では「**選択**」についての研究がよく行われる。最もわかりやすいところで言えば、選択した後に「これでよかった」と思うかどうか、それとも「やっぱりやめておけばよかった」あるいは「あっちにしておけばよかった」と後悔するかどうか、についての研究である。

　そもそも、選択するということは、取った行動と取らなかった行動（たとえば二つの服のどちらを買うか迷ったとして、買った服と買わなかった服）について無意識的であれ何らかの比較をする、ということが伴う。

　社会心理学の研究は、通常、人は自分の選択に対して「これでよかった」と思う傾向があることを示してきた。たとえばある農家が新しい農業技術Aを導入するか、それとも農業技術Bを導入するかで迷っているとする。どちらもそれぞれに一長一短があり、甲乙つけがたいが、ともかくどうするかを決定しなければいけない。その農家は毎晩のように考え、そしてついに技術Aの導入を決定したとする。

　技術Aを導入したという行動と、迷っていたという態度（つまり技術Aと技術Bの魅力は同程度であった）という状況は、互いに齟齬がある状態である。その状態を**フェスティンガー**は「**認知的不協和**」と呼んだ（Festinger, 1957）。そしてその不協和を解消するために、人は、選んだ

第6章 「つなぎ」力アップへの社会心理学的アプローチ

方（行動）に合わせて態度（どちらも同じぐらい魅力的だと思っている）を変化させようとすること、つまり「選んだ方がより魅力的だ！」と考えようとするということが見出されている（**不協和の低減**、あるいは**選択の正当化**）。

　ただ、この程度にも文化差が知られており、「選んだ方を魅力的だ！」と感じる程度は北米において日本よりも明確に見られる。なぜならば、北米文化においては個人の態度と行為が一貫しているべきであると捉えられており、また、「私は常に正しい選択をする存在だ」という自己イメージが損なわれないようにすることも重要だからである。ひるがえって、態度と好意の一貫性や、良い自己イメージを保つことがあまり重要視されていない日本文化においては、不協和の低減現象はあまり観察されていない（Heine & Lehman, 1997）。

　しかし面白いことに、日本においては個人的自己イメージではなく、公的な自己イメージ（人からの評判など）が気になるような状況下では、不協和低減現象、すなわち選択をした後の態度の変化が起こりやすいというのである（Kitayama et al., 2004）[1]。また、誰かのために何かを選ぶときにも、起こりやすいという（Hoshino-Brown et al., 2005）。

　これはいったいどういうことだろう。たとえば何かに迷っている、そのときに「自分がこの選択をしたとしたら相手はどう思うだろう」などのように、他者のことを考えるならば、選択した後に「これでよかったのだ」と納得できる（正当化できる）割合が増えるということである。こうした「**他者の目**」が肝心であるならば、選択をした後に後悔にさいなまれないようにするためには、誰かが見守り手である必要があるということに他ならない。これは農家と普及指導員の関係にも当てはまるな

注釈（1）ただし、日本の中でも北海道においては、北米と同じ反応が見られる（つまり、他者の目がなくても態度変化を起こしやすい）ことが知られている。北海道で北米と類似の反応が見られるのは、北米と北海道に共通する「開拓民の歴史」に原因があるのではないかと指摘されている（Kitayama, Ishii, et al., 2006；竹村・有本、2008）

いだろうか。

やる気になってもらう

　読者の皆さんは何かに「やる気」を持って取り組んでいるだろうか。あるとすればそれはどんなことだろう。そしてそれはなぜやる気になれるのだろう。

　今筆者はこの本を書くことにやる気を持って取り組んでいる（ことが伝わっていれば嬉しいが）。そもそもなぜやる気が出たのだろう。いろいろ理由が浮かぶ。普及について勉強したこと、調査したことを、多くの人に伝えたい。これがその１のやる気。それから、普及の方や編集の方や共著者を含め、この研究を支えて出版を支援している人のために頑張らねばならないと感じるから。これがその２のやる気。

　しかし「書いたとしても全く誰も読んでくれません」という未来からの"通達"が来たとしたら、とたんにやる気を失ってしまうかもしれない。つまり私のやる気は「誰かが読んでくれるかもしれないから」「誰かが褒めてくれるかもしれないから」ということにも、もしかしたら裏打ちされているのかもしれない。これがその３のやる気。

　さて１から３のやる気、少しずつその内容が違うことがおわかりいただけただろうか。社会心理学ではある行為の原動力となるもの（なぜその行為を行おうとしたのか）、つまり「やる気」に関わるものを「**動機づけ**」という。その中でも、「それをすれば何か買ってもらえるから」「褒めてもらえるから」など、外からの罰や報酬に従って起こっている動機づけを「**外発的動機づけ**」、「自分がやりたいと思うから」など、取り組んでいる対象そのものによって引き起こされる動機づけを「**内発的動機づけ**」という（Lepper & Greene, 1978）。先の筆者の例で言えば１は内発的動機づけ、３が外発的動機づけ、２は外発的な要素（他者の期待）が内在化された内発的動機づけ、つまり中間的なものといえるだろう。

　外発的動機づけは、その後の活動をむしろ逆に低下させてしまうこと

第6章 「つなぎ」力アップへの社会心理学的アプローチ

あの人もあれほど言っている。やってみようか…

が知られている。たとえば「お金をあげるから」という釣り玉を与えて一時的に何かをさせたとしても、継続的にそのことをやり続けようとはしなくなってしまうのである。子どもにお絵かきをさせるときに報酬（おやつ）を与える実験では、報酬をもらって絵を書いた子どもの方が、その後お絵かきを好きだと答える率は減ってしまうことが明らかにされている。これは、外発的な動機づけでは、「報酬のためにやったからだ」ということが自分の中にインプットされてしまい「好きだからやった」という解釈がなされなくなってしまうからではないかとされている（Lepper et al., 1973）。つまり、継続的に物事に取り組んでもらうためには、言われたからやる、のではなく、自らやりたいと思ってもらえるような「内発的動機づけ」に訴えかけることが非常に重要なのである。

第1章で紹介したように、日本社会は**関係志向性**が強い相互協調的な社会である。そのような中では、人は「個人が・自分で・責任を持っ

て」選択することよりも、他者の意向や期待が影響を与えやすいことが知られている（つまり先の筆者の例で言えば、やる気その2、が発動しやすい）。たとえば義理を果たさねばならないとか、誰かの期待にこたえたい、といったことが、個人の内的な動機づけに結びついていく(Iyengar & Lepper, 1999)。

とすると、相手にやる気を持って意思決定してもらうためには、やはりそのやる気に働きかける見守り手としての「他者」となることが大切なのではないかと思われる。先ほどの選択の正当化同様、普及指導員が農家の人たちにやる気になって選択してもらうときの状況にもこれは通じるのではないだろうか。こんなときに、少し違った立場での仲間、見守り手の機能は重要であろうと思われる（コラム⑨などを参照）。そしてその後まで「しっかり見届ける」ということも忘れてはならないだろう。

また、成功体験も重要である。日本は基本的には「失敗したときに努力する」傾向が強いことが知られているが（Heine et al., 1999)、これは「努力すれば状況を（あるいは自分の能力を）変えることができる」という「自己の能力の可塑性への信念」に基づいている。頑張れば叶う、と信じられるうちは、失敗経験は奮発材料になる。

一方で失敗ばかりがもしも続いてしまったらどうだろう。「どうせやっても変わらない」という諦めや、無力感（**学習性無力感**）につながりかねない。小さいことでも構わないので、努力すれば達成できるという経験を持ってもらうことが、継続的な内発的動機づけを導くのではないだろうか。

つなぐワザの心理学：集団づくり

信頼のネットワーク形成

第1章で述べたように、人間社会は大きな集団の中で互いに協力しあ

う関係を維持している。こうした協力関係は、互いの「信頼感」あるいは信頼につながるような「評判」によって成り立っている。

信頼は、相手から裏切られるかもしれないというリスクを内包している。これは取引関係によって契約を交わし、互いが裏切らないことを担保する「安心」あるいは「信用」とは異なっている（佐藤・土井・平塚, 2011）。しかしそのリスクをおかしてあえて信頼し、関係を構築しようとコミットするからこそ、互いの信頼関係が強化される。

信頼がどのようにして形成されていくのかはすでに第5章に述べたとおりであるが、第3章で述べられているように、信頼関係の構築に仲介者の存在は重要であり、橋渡しをするようなキーパーソン（佐藤らのいう「パーソナル・キャピタルを持つ人たち」）が社会関係資本（ソーシャル・キャピタル）、すなわち信頼関係によるつながりを形成することが指摘されている（Coleman, 1990）。

リーダーシップ

こうした仲介者・あるいはキーパーソンは、地域のリーダーであることも多いだろう。とすると、集団づくりにおいてリーダーを支援すること、その持ち味を発揮してもらうことも大切なことである。実際、普及指導員が「助けられた」と感じる相手として「集落のリーダー」が挙げられることがある。

リーダーは集落内に様々なネットワークを持ち、周囲の人への新しい情報の伝達機能に優れ、また、経験豊富で地域内ですでに信頼を確立しているために、「あの人が言うなら」と説得力を持つことも多いであろう。そして、単なる世話役というよりは、おそらく地域の将来についてしっかりしたビジョンを持ち、表現できる人であろう。地域の社会関係資本の向上のためには、リーダーとなる人の本質を見極める必要がある。

かつて社会心理学者の三隅は、**PM理論**というものを提唱した。これはリーダーの目標達成機能（P機能：Performance）と集団維持機能（M

機能：Maintenance）の2軸についてどれだけ備えているのかを分析し、4タイプのリーダー（PもMも高いPMリーダー、Pのみが高いPmリーダー、Mのみが高いpMリーダー、どちらも低いpmリーダー）に分け、それぞれが組織の業績や構成員に与える影響を検討した（三隅, 1966）。場面によって求められるリーダー像は異なると思われるが（Fiedler, 1967）、日本においては特に周りに目を配ることがリーダーの役割として認識されていると思われる。

たとえば、国政選挙において、アメリカでは、支配力（dominance）や力強さを感じさせる顔の立候補者が票を得やすいのに対して、日本では温もり（親しみやすさや誠実さ）を感じさせる顔の立候補者に票が集まりやすいことが知られている（Rule et al., 2010）。

また実際、日本人がリーダー役になる場合には、注意の幅が広がることが実験で示されている（Miyamoto & Wilken, 2010）。この結果について宮本は、「日本において、リーダーとして他者に影響を与えるためには、自らの目標だけでなく、他者の気持ちや関係性といった文脈的な情報にも目を向けないといけないのかもしれない。一方、アメリカにおいては、リーダーとして他者に影響を与えるためには、文脈的な情報に惑わされることなく、自らの目標に注目する必要があるのかもしれない……（中略）……アメリカにおいては、リーダーシップの機能として目標達成が一番大切なのに対して、日本においては、リーダーとして目標達成をするためには、関係性に目を向ける集団維持も不可欠だと考えられる」と述べている（宮本, 2012 『こころの未来』第7号, p. 43）。

共同体意識

立派なリーダーがすでにいる地域においては物事がスムーズに進むかもしれないが、そうではない場合にはリーダーの育成と支援が必要になるだろう。実際、グループとしての成り立ちがまだ確固たるものではない場合には、リーダーのポテンシャルを持つ人物がその効果を発揮していないということもありえる。

第6章 「つなぎ」力アップへの社会心理学的アプローチ

　そのようなときには、たとえば討議の場を通した課題共有による「集団づくり」のような仕掛けが必要となるだろう。実際、普及活動の事例ではそのようなことが多く報告されている。

　グループづくりの名人と言われる斎藤恒助普及指導員のワザについて、藤田（1995）は、皆への「やってみないか」という呼びかけ、指導的農家を引き込む、足繁く通って相談に応じて信頼関係を築く、結果だけではなく途中経過についても共に考える、グループ員の間の話し合いを促進し、まとめ役にまわる、周辺の農家にはグループ員から伝えてもらう、メンバーの個性を把握し、画一的に対処しない、メンバーに自信を持たせる……といったことを挙げている（これを全て実践するのは本当に凄いことだと思わされる）。

　こうした協同的取り組みの中で、**集団の凝集性**（集団としてのまとまり、結束力）が高まっていくことは想像に難くない。目標を共有・明確化し、「自分たちの問題」として捉えてもらうようにするような普及活動が成功事例からも報告されている。自分は集団に入っているのだ、という意識を各成員個人に持ってもらうことが大切であり、そのためにはやはり情報共有・目標共有は欠かせないだろう。

　一方で集団意識・共同体意識は、同じ集団に所属する人々へのひいき（**内集団ひいき**）と、他のグループに所属する人を排斥・差別しようとする認知や行動、さらには**集団間の葛藤**を生み出すことも知られている。古い心理学の実験では、子どもたちのサマーキャンプで2グループに分けて活動を行わせ、さらにグループ対抗の競技などを取り入れたところ、集団間の葛藤状態－時に激しい暴力行為など－が見られるようになってしまったという[2]（Sherif et al., 1961）。

　一旦そのような状態になった後には食事会をしたりしても対立は強まるばかりになってしまった。2グループの葛藤が低減されたのは、結局1グループだけでは解決できず2グループでの協力が必要となるような「上位目標」が導入され、共有された場合（たとえば、ぬかるみにはまったトラックを動かすなど）であったという。このことからも集団の

凝集性の形成あるいは葛藤解決に「ビジョン・目標の共有」が重要であることがわかる。

注釈（2）　その後のタジフェルら（Tajifel et al., 1971）をはじめとする一連の研究により、グループ対抗などのあからさまな葛藤状況がなくても、所属集団が違っている（そしてその集団への所属意識を持つ）だけで互いの差別や内集団ひいきが起こることが明らかにされている。タジフェルらによれば、人は所属集団によって自己を定義する傾向があり、その際優れた集団の一員であろうとすること、そして優れた集団に所属していると考えようとするために、他の集団を否定的に見ようとする傾向があることが原因だと論じられている（**社会的アイデンティティー理論**）。一方、**山岸俊男**らのグループでは、集団内での協力行動がどのような要因によって成り立っているのかを精緻な実験で検証した。たとえば山岸は、「情けは人のためならず」（自分に返ってくるものである）という認識を持ち、たとえ直接的に自分に何かが返ってこなくても、誰かを助けたときには巡り巡って自分のところに戻ってくるという信念が鍵になっているのではないかと考えた。そして、同じグループに所属している人を相手にした援助の方が（違うグループに所属している人への援助よりも）、「巡り巡って返ってくる」確率が高くなるので、人は自分の所属する集団に（それ以外の集団よりも）利得を分配しようとする傾向があるということを示している（神・山岸, 1997）。

普及指導員と農家：少し立場の違う仲間として

コミットメント：地域に感じる仲間意識

業務の中でどのようなときに**幸福感**を感じるのかということは、本人がいかなるモチベーションを持って業務を行っているのかを知る重要なものさしになる。

幸せは誰しもが大切に思い、手に入れたいと願うものである。しかし一方で、幸福感には文化による差も、個人差も多く存在する。そして、

何をもって幸せとするのかには、その人が生きている環境や、本人のパーソナリティーなど多くのことが反映される。たとえば衣食住が足りていない環境にあれば、人はともかく経済的に満ち足りた暮らしを、と願うだろう。一方である程度衣食住が安定的に足りる状況にあれば、仕事でうまくいくように、とか、人と仲良く楽しく過ごせるように、など、新たな「幸福の基準」が生じてくる。これまでの一連の研究から、幸福感には経済状態、心身の健康、対人関係、自己の誇りと受容（自尊感情）などが影響していることがわかっているが、特に日本では「関係性」が重要であることが示唆されている。

なぜならば、日本社会においては「他者志向性」あるいは「関係志向性」が強いからである。人間関係が大切だと思っているからこそ、人間関係がうまくいくと幸せが感じられるというわけである。筆者が行った研究では、特に日本においては周囲から**情緒的サポート**（精神的な支え、励まし、愛情、困ったときの支援）を受けていることが幸福の大切な要素となっていることがわかった（Uchida et al., 2008）。人間関係は幸福の源といってよいだろう。

このように何が幸福の源となるのか、ということは、その人が大切にしている領域を示すひとつの指標である。それでは、地域に関わる普及指導員の人たちは何をもって仕事上の「幸せ」を感じやすいのだろうか？

第4章で紹介したように、筆者らの研究によると、普及指導員の幸せは「知識・技術力があること」「コミュニケーション能力があること」などの「仕事上の自己評価」（特にコミュニケーション能力の方がより幸福感と結びついていた）に加えて、担当している地域内の「信頼関係」が高いことが重要であった。この結果は、まず普及指導員にとって、他者との円滑な関係構築に必要なコミュニケーション能力がいかに重要であるかを示すものである。

それだけではなく、担当している地域の人たち同士が良い関係にあることも、普及指導員の喜びにとって重要であったという結果は意義深

い。なぜならば、これは普及指導員がいかに心理的に地域にコミットしているのか（地域の良好さを自分の喜びとしているのか）を明らかにする結果だからである。もちろんこの結果には逆の因果関係の解釈も成り立つ。つまり、普及員が幸せであればあるほど、地域住民間の信頼性もさらに高くなる、という方向性である。これもありそうなことに思えるが、いかがだろうか。今後のさらなる検討が必要であろう。

立場の違う仲間

同じ集団、職業、年齢層の人とは結びつきやすい。様々なことを共有しているからである。こうした人たち同士は「仲間意識」を持ちやすく、助け合う。

一方で、少し違った立場の仲間を持つこと、これは少し難しいことかもしれないが、実はこうした仲間に救われることはたくさんあるだろう。

少し年齢層の違う人。職業の違う人。けれども問題意識を共有できる人。こういう人は、自分とはまた違った視点でのアドバイスをくれる。気がつかなかったことを気づかせてくれる。もちろん立場の違いによるぶつかり合いもあるのかもしれないが、それを乗り越える良さがたくさんある。自分たちで閉じていた世界を広げてくれる人でもある。自分と違う立場にある人だからこそ、自分の知らない世界へとつないでくれる（Granovetter, 1973）。

筆者のことになるが、まだ大学院を出たての頃は自分と専門が同じ人のつながりしか持っていなかった。社会心理学の集まり（学会）に顔を出し、議論を交わす。こうしたことは、他の専門の人とはできない細かい議論をすることができる。互いの前提知識が同じだからだ。これはこれで楽な世界だった。

その後、筆者の立場や仕事内容も変化し、徐々にいろいろな人とつきあうことが増えていった。最初はちょっととなりの分野の心理学者。そのうち、そのほかの学問領域の人たちともつきあいが広がった。さらに

はアカデミック以外の人たちまで。こうした人とともに何か共同で仕事をし、共通の目標を立て、議論することにより、気づいていなかった自分の思考のクセや社会心理学の持つクセなどについて少しずつ客観視できるようになっていった。つながりから得られるものはとても大きい。

　農業者にとって、普及指導員は、まさに違う立場で、だけれども共通した目標に向かってくれる人なのではないだろうか。しかも情熱を持ってやってきてくれるというのだ。

　通常、違う立場の人とは、どうしても「緩やかな」結びつきになりがちである。継続的かつ集中的に意見を交わすことは困難である。しかしもしも普及指導員が、継続的で安定した支援を、かつ状況に応じた変化をつけながら行ってくれるならば、まさに「近いけれど違う立場の他者」として、農業コミュニティに良い作用をもたらしてくれるのではないだろうか。

農をつなぐことの価値と可能性

　以上見てきたように、普及活動では、技術力とコミュニケーション能力が両輪として成り立っていることについて述べてきた。地域に心理的にコミットし、「立場の違う仲間」として、現場で地域の動機づけを高めていく。その言葉が説得力を持ち、新たなビジョンを提示するものであるとき、地域の人と人、あるいは関係機関と地域が「つながり」、人の心や行動が変化するということが起きるのではないかと考えられる。農業を通じた地域のつながりや共同作業のあり方、協力の方法が、日本の「相互協調的」メンタリティーをつくりあげてきたのではないかと言われることがある。農村で人の心をつなぎ、人の行動に変化をもたらすような普及活動のあり方は、日本社会の中での様々な領域で援用される可能性も考えられるのではないだろうか。

　森本（2009）は、かつて「農」（「農業」ではなく）は、地域の中で生きることと同義であったこと、つまり作物を育て、それを食す営みの中

に、地域を守り育てることが含まれていったことを指摘し、これが日本の風土とあいまって生まれてきたことを述べている。つまり農が地域をつくり、地域が農を支えてきたというのだ。これは「**共同体意識**」の根源を形づくるものであり、集落・郷土への愛着と誇りに裏打ちされてきたものである。

「農業ではなく、農として」考えると、様々なことにつながっていく。普及員の人たちの語りに耳を傾けると、農の持つ可能性をもう一度見直すべきだと感じられる。

日本の社会では、家族や地域・自然との「関係性」が幸福の源になっている。特に農耕では人と人との共同作業が欠かせない。また、自然との共生も必要である。農耕社会では、血縁と地縁、さらには仕事の縁がクロスし、「となりの某さんは何をやっている人かわからない」という社会ではない。しかもこうしてつながった人たちと共同作業をして、人間関係を築き上げてきた。従って、人間関係を新しく自分で切りひらくというよりは、今ある関係を大切にし、互いに気を遣いあう、ということを行ってきた。

これは一方で「縛り」をもたらす関係でもあるため、「自由な個人」を求めて日本社会は戦後シフトしていった。高度経済成長期、団塊の世代の多くは、農村的な人間関係のしがらみから脱却するべく、農地を捨てて都会に出て行った。家族関係の自由、職業・転職の自由。しかし真に自由であり、人間関係を開拓しようと思ったら、自信を身につけ、強い「個」を磨かなければならない。北米のような流動性の高い社会では、現に生まれた頃から強い「個」を磨くための自尊心トレーニングが行われる。日本社会はそのような個人の強さを持たずして、自由だけ手に入れようとして、決まったこと、そして表面的な個人主義だけを取り入れてしまった。その結果として、個人ではなく、一人ぼっちの「孤人」ができてしまったのではないかと考えている。こうした中でもう一度、日本人が培ってきた関係性を見直そうというのが震災後の今の動きではないだろうか。

「農」には、日本人が関係性を築き上げてきた要素が詰まっている。地縁でつながり、共同で作業をし、収穫したものを分かち合って食べる。農は、こころと体と社会をつないでくれるのかもしれない。こうした経験を都市部の小さい子どもが持てないのは残念なことのように感じる。

もちろん、「農」が見直され、今より多くの人が「農」と関わりを持とうとするためには「業」をどのようにうまく行うか、という課題がある。第1次産業の厳しい現代日本社会においては、主要な問題のひとつである。しかし経済活動さえうまくいけば共同体意識がおのずと育つというものではなく、その両輪のバランスが問われている。これは普及指導員の役割にスペシャリスト機能とコーディネート機能の両輪があることの写し絵になっている。

「農」と「業」のインターフェースをつくり、そこに様々な人々を巻き込んでつながりをつくっていく、それが今後真に求められる「農をつなぐ仕事」なのかもしれない。

コラム❾
「少し離れたところにいる信頼される他人」を目指して

滋賀県湖北農業農村振興事務所農産普及課　普及指導員　布施雅洋

　「布施君の家も百姓やってるんやろ⁉」。26年前の駆け出し普及指導員（当時は、農業改良普及員と呼ばれていた）の頃、初めてお会いする農家から必ずと言っていいほど尋ねられました。この問いかけがとても嫌で苦痛だったのを、今でもはっきり覚えています。

　私の家は非農家です。大学は農学部出身ですが、農作物に触れた経験が一切ありません。苦し紛れに、「家は非農家ですが、親戚が農家をやってますからそこを手伝っています」と言うのがやっと。もちろん、親戚が農家というのは嘘です。

　「非農家出身で農作物を育てた経験のない普及員に、農業のことがわかるの？」なんて不安がられているのだろうと感じました。

　そうなると、一人で現場へ出向くこともままならず、先輩普及員のお尻について行くのがやっと。栽培技術や経営改善の問題について、スムーズに会話をする先輩の姿に感心するばかりで、会話の内容は3分の1も理解できなかったように思います。

　気持ちは焦りましたが、もう開き直るより他に方法はありません。わからないこと、知らないことには「わかりません。知りません！」と率直に答えることにしました。ただ質問を受けたことは、すぐに調べてできるだけ早く回答することを心がけました。インターネットなんて便利なものがない時代。事務所の書籍や資料を調べたり、先輩に伺って自分なりに工夫したつもりです。

　これを繰り返すことで、少しずつ農家が頼りにしてくれるようになりました。相手の立場になって考え、誠意を持って接すれば、おのずと信用はついてくることを学びました。

　普及の仕事は今でも難しい、なかなか思いどおりにトントンと事が進まないと感じています。せっかく築いてきた信頼関係も些細なことで揺らぐこと

新しい小菊の栽培方法を説明する普及指導員（左手前）

も経験しましたし、転勤で新しい仕事に取り組むときはとても悩みます。

普及指導員は、常に農家に提案を行っています。現状の経営改善、新しい農作物への挑戦、農家組織の結成など、つまり変化を促すのです。

そのとき農家は不安を覚えます。「一緒に頑張りましょう」「頑張った成果として、こんなことが得られますよ」という安心感を与えられる存在でいなければ、提案に理解を示し行動してくれません。

変化を求めると同時に、安心感を与えるには、農家のもとへ足繁く通い信頼関係を築いておくことが最も重要だと考えています。

「少し離れたところにいる」ことを自覚でき、消費者目線でも農業を見つめることができるので、自分が非農家であることを今ではとても良かったと感じています。

コラム⓾

普及という仕事への思い

中国四国農政局生産部生産技術環境課 課長補佐　**福田尚子**

「普及」という仕事との出会い

　国の出先機関である地方農政局で側面的に普及の仕事に携わってきたが、これは私にとってライフワークとも言える仕事で、この仕事によって自分がいろいろな面で成長できたと思っている。

　最初は生活関係の普及の仕事に携わった。

　専門技術員さんたちは仕事ができるばかりでなく、農家の女性からの信頼も厚かった。

　ある日、イベント会場で前任地の農家女性に取り囲まれ、「〇〇さん、元気か」「今度、こんなクッキー作ってみてん。食べて講評して」などと言われている姿を見た際には、羨ましくて仕方なかった。大勢の農家女性がこんなに心を許すまでに、彼女は前任地で大変な努力をしただろう。業務時間外にも都合をつけて、農家を回って話を聞いたのだろう。

　数年経って農業普及の仕事をした際には、こんな場面に出会った。

　ある普及員が農家に新しい技術を提案したところ、今までのやり方の否定ととられ拒絶された。

　が、彼は諦めなかった。「普及員は大きな目標に向かって、農家自身が気づくのを助けなければいけない」

　そして、皆を連れて市場見学に行き販売の現場を見せ、客観的なコストのデータを示した。粘り強く説得する彼に、最後は農家も納得して首を縦に振った。

　普及という仕事を通じて、私は素晴らしい人たちと出会うことができた。

こころの未来研究センターとの出会い

　このように農家から必要とされているにもかかわらず、普及は外部から「本当に必要なのか？」「成果が見えない」と言われ続けて久しい。

　そんな中、ふとしたことから「こころの未来研究センター」の設立シンポ

ジウムに参加した。そのとき、吉川センター長がセンターの設立経緯でこういう話をされた。

「このセンターのコンセプトは『つなぐ』こと」「人の心と心をつなぐことがどれだけ重要か」「重要なのに非常に難しくなっているのはなぜか」

私は、センターの綺麗なパンフレットを眺めながら、いろいろな普及員の顔を思い浮かべた。

同じことを農家に勧めても、「Aさんがそこまで言うのならやってもいい」と言われる普及員がいるのはなぜか？

活発でやる気にあふれたBさん、口下手でじっくり派のCさん、いろいろなタイプの普及員がいるが、それぞれが農家から信頼されているのはなぜか？

考えれば考えるほど、センターの「こころときずな」という領域は普及事業そのものなのではないかと思えた。

心臓が高鳴り、手に汗がわいてきた。

どうしても吉川先生に普及のことを知ってほしい。心の研究者の立場から普及事業を評価してほしい。もし、それができたら……。

私の心の中に大きな希望が生まれた。

事件は現場で起きている

そして、普及事業60周年シンポジウムに吉川先生、内田先生に出席いただくことができ、その後の内田先生、竹村先生による普及指導員の調査の実施につながった。

お陰様で、各県の専門技術員さんや普及員さんから「ようやったな。すごい人を探してきたな」とお褒めにあずかった。

彼らは、内田先生から「地域ネットワークを支えてきずなを作っているプロ」と言われると、自信に満ちあふれた笑顔になる。

素晴らしい。そして羨ましい。

事件はいつも現場で起きている。

その事件を解決すべく、普及員は今日も現場を走り回っている。

あとがき

「農業の研究？」と心理学の研究者仲間はまず驚きます。私たちの研究はこれまで国際比較研究が多く、テーマも幸福感や対人関係、集団といった「一見すると農業にどう関係するのか？」というものでしたから、無理もないことでしょう。同じことを普及指導員の方からも聞かれます。「心理学の人が、普及指導の研究？」と。しかし、心理学者が集まる学会で研究発表を行った際にも、そして普及指導員の方たちを前に私たちが研究成果の報告をさせていただいた際にも、最後には「なるほど、こうやって心理学と農業、普及指導がつながっていくのか……」という声を聞くことができます。心の研究がいろいろなところにつながっていくこと。そして「農」という日本の根幹を支えるテーマとつながること。これは何よりの喜びでした。

さてこうした「学問の領域を乗り越えるような」研究は、何も自分たちで編み出したわけではありません。このプロジェクトのきっかけは、近畿農政局におられた福田尚子さんです（現：中四国農政局）。彼女が、2007年の京都大学こころの未来研究センターの設立シンポジウムに参加し、吉川左紀子センター長の講演を聞かれた後に、「人をつなぐことを研究するのがこころの研究のミッションならば、是非そのプロである普及活動を知ってください！」とセンターを訪ねてこられたのです。応対したセンター長から後日「農業社会をつないでいる人たちがいるそうですが、興味ありますか？」と尋ねられたとき、思わず二つ返事で「面白そうですね！　是非勉強してみたいです！」と返答したことを覚えています。とはいえ普及指導についても農業についても全くわからず、何ができるのかは手探りの五里霧中。そんなところからこのプロジェクトはスタートしました。

2008年になり、福田さんはまず私たちに「普及を普及」するところから始めてくださいました。ノートにびっしり書き込まれた、普及についての様々な活動メモ。当時同じく近畿農政局におられた柴辻伯親さん（現：農林水産省）とともに、いろいろな普及員さんたちを紹介してくださったり、現地に

あとがき

連れて行ってくださったりもしました。その中で、知り合いになった普及指導員さんたちに教えてもらったことは数多くありますが、本書にそのエッセンスをちりばめたつもりです。やはり直にお話をお伺いし、普及指導員の方々の農業に対する情熱、普及活動への誇りを知ることは、何よりも大切だったと思います。門外漢の私たちに大変親切に「普及を普及」してくださった皆様方に心より御礼申し上げたいと思います。

その後近畿ブロックの普及事業60周年記念シンポジウムで吉川センター長が講演、内田が事例報告へのコメンテーターを担当させていただいたことから、調査を実施してみようという機運が高まりました。近畿ブロックの普及活動研究会の皆様の多大なるご協力を得て、まずは近畿6府県での調査が実現しました。普及指導員さんたちの中には、心理学の研究者が行う調査に少なからずとまどいがあった方もいらっしゃったのかもしれないのですが、それでも日々の業務でお忙しい中、多くの方にご協力をいただいたことに心から御礼を申し上げたいと思います。調査の依頼には各府県の主務課の方々、さらには福田さんの後任の近畿農政局・和田美穂子さん（現：農林水産省）にも、とりまとめや報告書へのコメントなどにおいてひとかたならぬお力添えをいただきました。

近畿での調査が終了したところで、有り難いことに「次は全国での調査を」という運びになりました。この際には全国改良普及職員協議会（名称は当時）に全面的にサポートをいただけることになりました。そして当時の理事の滝沢章さん、農林水産省の石田大喜さんと大石晃さんに様々なアドバイスをいただき、それまで考えてもみなかった規模での全国調査が2010年に実現しました。

こうした活動をきっかけにして、有り難いことにあちこちから声をかけていただけるようにもなりました。研修での講演を行わせていただき、農業現場を拝見させていただけるという貴重な機会でした。それぞれの土地での温かい出会いや、教わったこと、美味しかったとれたての食物。普及員さんや農家の皆さんのお顔とともに、思い出されます。

こうした「行脚」を通じて、私たちは土地や育てている作物が異なっても、普及指導員の方々に通底する「何か」を感じることがあることを確認しました。それはいったい何なのだろう。本当に心理学の力で明らかにすることが

できるのだろうか？と自問することもありました。

　幸いにして全国調査も近畿調査と同様、多くの方にご協力をいただき、愛知でも愛知県改良普及職員協議会のご協力のもと更なる追加調査を実施することができて、大切なことの一端を示す研究成果をまとめることができたのではないだろうか……と少しだけ自負しています。2011年11月の普及活動全国大会にて、調査の報告の貴重な機会をセッティングしていただき、その後の調査活動を継続的にご支援いただいている全国農業改良普及職員協議会・現理事の太田文雄さんには感謝申し上げます。

　あまりに多くの普及指導員の皆様方や農家の方々にお世話になったので、ここでお名前をすべて列記することができませんが、お一人お一人への感謝の気持ちを本書にこめたつもりです。もしも皆様方に本書を手にとっていただけるならば、これほど嬉しいことはございません。本書執筆にあたり全国農業改良普及支援協会の松本一成さんにも貴重な情報提供をいただきまして、有り難うございました。また、本書で一番魅力的なのは、普及に関わる方々に依頼をした「コラム」です。いずれのコラムも思いにあふれ、普及の魅力が存分に伝わるものでした。読者の皆様には是非「コラム」をご堪能いただきたいと思います。読みごたえのあるコラムをお書きいただいた皆様に感謝申し上げます。

　なお、本プロジェクトは京都大学こころの未来研究センターのプロジェクト「ソーシャル・ネットワークの機能：グループ内の『思いやり』の性質」（プロジェクトNo.08-1-01：平成20年度〜平成21年度）「社会的ネットワークの機能と性質：「つなぐ」役割の検証」（プロジェクトNo.10－1－07：平成22年度〜平成23年度）の一環として行われました。全国農業改良普及職員協議会からは本プロジェクトへの貴重なサポートをいただきました。深く感謝いたします。

　しかし本プロジェクトの内容をこうして書籍化するにあたり、どうしてもひとつだけ取り組むことが叶わなかった大きな心残りは、東日本大震災の影響についてです。私どもの全国調査は震災が起こる以前の2010年の普及活動と農業についてのデータであり、震災後の混乱が続く中での継続調査は事実上困難でもあったため、この大きな問題について取り上げることができませんでした。震災と原発事故で東北地方の農業と普及指導は大きな方向転換を

あとがき

　余儀なくされています。これまでとは異なる枠組みで活動せざるを得ないことが多くあり、農業者の方も普及指導員の方も日々奮闘しておられると聞いています。東北地方ならびに震災の影響が小さくない地域の方々に心よりのお見舞いを申し上げますとともに、今後も私たちにできることは何か、これからも長く継続的に考えていきたいと思います。

　最後になりましたが、私たちの新しいプロジェクトを支えてくれた京都大学こころの未来研究センターの同僚、特に吉川左紀子センター長、ならびに文化心理学ゼミの学生の皆様、執筆原稿に丁寧なコメントをくださった京都大学大学院地球環境学舎の福島慎太郎さん、的確なアドバイスをいただいた京都大学こころの未来研究センターの長岡千賀さん、ゼミへの出席を許していただき、農業・農村のことを学ぶ機会を与えてくださった京都大学大学院農学研究科・地球環境学堂の星野敏教授と農村計画学研究室の皆様、尺度の貴重な情報をご提供いただいた国立保健医療科学院の森川美絵さん、さらに表紙・扉のイラストを受け持ってくれた河田芹菜さん、本当に有り難うございました。また、創森社の相場博也さん、山中直子さんには随所で的確なアドバイスをいただき、本書の完成に向かって伴走してくださいましたことを心より御礼申し上げます。

　そしていつも研究生活を支えてくれたもっとも身近な「つながり」である家族たち、特に本書にイラストを提供してくれた父・内田一成、心身両面からのサポートを惜しまない母・幸枝、子育てと家事を率先して行ってくれた夫・川村匡、多くの新しいつながりをもたらし、命をつないでくれた息子・川村総に謝意を表します。また、畑の中でのびのびと育ててくれた父・竹村貞治と母・眞由美、山の畑でともに育った兄・謙志と弟・嘉記、そしていつも静かに支えてくれた妻・竹村裕美に感謝を捧げます。

　　2012年　盛夏

内田 由紀子・竹村幸祐

◆付録

　第４章では、どのような普及活動がどれくらい成果を挙げやすいかを検討するべく、「満足度」と「対象からの感謝・喜び」という二つの得点に対する各タイプの普及活動の効果量（Cohen's d）を算出した結果について紹介した（「つなぐ」普及活動の効果は？［80～87頁］）。ただし、第４章で紹介したこの分析では、農業者の直面していた課題・問題のタイプは考慮に入れられていない。しかし、農業者の直面していた課題・問題のタイプによっては、どういったタイプの普及活動が効果を持ちやすいかも変わってくるかもしれない。たとえば、農業者が「生産技術に関係する問題」を抱えていた場合にはＡというタイプの活動が効果を持ちやすいが、農業者が「農業の担い手不足」という問題を抱えていた場合にはＢというタイプの活動が効果を持ちやすい、ということもあるかもしれない。

　そこで、付録表１ａと１ｂでは、この課題・問題のタイプも考慮に入れた分析結果を掲載している。表中の数値は同じ効果量（Cohen's d）である。たとえば、付録表１ａの「生産技術に関係する問題」の行を見ると、「.34」「.38」「.23」…といった数値が並んでいる。これらの数値は対象地域が「生産技術に関係する問題」を抱えていた場合に、各タイプの普及活動（たとえば「農業の担い手育成」）がどれだけ成果を挙げやすかったかを示している。数値が大きければ大きいほど、そのタイプの普及活動が成果を挙げやすかったことを意味する（図４－４［84頁］の棒グラフの棒の高さに対応している）。付録表１ａには「満足度」に対する効果量、付録表１ｂには「対象からの感謝・喜び」に対する効果量が掲載されている。

付録

付録表1a. 満足度に対する各タイプ普及活動の効果量（農業者の直面していた課題・問題のタイプ別）

		普及活動のタイプ										
		農業の担い手育成	望ましい産地育成	環境と調和した農業	食の安全・安心確保	農村地域の振興	生産技術の紹介	販売促進	関係機関との連携調整	農業者同士の連携	将来のビジョンの提示	対象集団の具体的問題指摘	普及員自身の学習
農業者の直面していた課題・問題	生産技術に関係する問題	.34	.38	.23	.30	.40	.22	.29	.41	.42	.47	.35	.05
	ブランド作りに関わる問題	.28	.43	.27	.36	.34	.20	.31	.41	.40	.38	.32	.03
	農業者の収益・経営状況に関わる問題	.35	.37	.22	.33	.41	.19	.26	.47	.44	.47	.37	.05
	農業の担い手不足	.39	.31	.30	.29	.40	.25	.26	.50	.47	.49	.42	.08
	対象全体の活性化に関わる問題	.33	.32	.20	.29	.34	.27	.32	.46	.42	.44	.40	.08
	集落営農推進に関する問題	.43	.29	.30	.23	.33	.30	.35	.44	.42	.42	.33	.11
	農業者の意識改革	.40	.34	.25	.32	.40	.26	.29	.49	.47	.48	.40	.12
	食の安全・安心に関わる問題	.35	.34	.25	.52	.38	.36	.46	.51	.45	.43	.43	.21
	新規事業の開始・規模拡大に関する問題	.36	.43	.23	.42	.36	.31	.31	.48	.47	.50	.43	.06
	女性参画に関する問題	.38	.31	.27	.31	.46	.24	.44	.48	.25	.44	.42	.03
	新品目の導入に関する問題	.28	.34	.27	.31	.35	.27	.30	.39	.40	.41	.36	.09
	対象地域内の人間関係に関する問題	.50	-.35	.20	.42	.40	.23	.34	.57	.41	.53	.38	.10
	市場の状況に関わる問題	.23	.58	.30	.43	.49	.35	.50	.52	.46	.40	.49	.01

付録表1b. 対象からの感謝・喜びに対する各タイプ普及活動の効果量（農業者の直面していた課題・問題のタイプ別）

		普及活動のタイプ										
		農業の担い手育成	望ましい産地育成	環境と調和した農業	食の安全・安心確保	農村地域の振興	生産技術の紹介	販売促進	関係機関との連携調整	農業者同士の連携	将来のビジョンの提示	対象集団の具体的問題指摘	普及員自身の学習
農業者の直面していた課題・問題	生産技術に関係する問題	.46	.44	.27	.34	.50	.32	.43	.51	.56	.60	.51	.22
	ブランド作りに関わる問題	.44	.48	.31	.45	.37	.27	.45	.50	.51	.47	.43	.25
	農業者の収益・経営状況に関わる問題	.38	.43	.27	.38	.49	.32	.44	.55	.53	.58	.51	.26
	農業の担い手不足	.40	.38	.41	.41	.47	.37	.42	.52	.55	.55	.55	.25
	対象全体の活性化に関わる問題	.45	.39	.27	.38	.42	.40	.46	.53	.53	.53	.54	.26
	集落営農推進に関する問題	.51	.33	.41	.35	.37	.40	.48	.51	.50	.50	.49	.27
	農業者の意識改革	.48	.38	.30	.41	.46	.40	.43	.51	.57	.52	.53	.32
	食の安全・安心に関わる問題	.56	.50	.28	.39	.58	.33	.59	.53	.58	.70	.60	.42
	新規事業の開始・規模拡大に関する問題	.46	.45	.29	.48	.46	.42	.42	.65	.62	.76	.61	.27
	女性参画に関する問題	.51	.49	.44	.39	.58	.41	.66	.59	.36	.74	.56	.31
	新品目の導入に関する問題	.41	.46	.33	.41	.46	.39	.48	.56	.57	.57	.51	.24
	対象地域内の人間関係に関する問題	.60	.39	.33	.50	.43	.30	.41	.60	.54	.64	.57	.25
	市場の状況に関わる問題	.39	.75	.35	.45	.57	.48	.68	.66	.57	.50	.56	.24

◆参考・引用文献一覧

Alexander, R. D. (1987). The biology of moral systems. Hawthorne, NY: de Gruyter.
Aronson, E. (1992). The social animal (sixth edition) W.H. Freeman and Company, New York. (アロンソン, E. 古畑和孝(監訳)岡隆・亀田達也(訳)(1995). ザ・ソーシャル・アニマル: 人間行動の社会心理学的研究 サイエンス社)
Asch, S. E. (1951). Effects of group pressure on the modification and distortion of judgments. In H. Guetzkow (Ed.), Groups, leadership and men (pp. 177–190). Pittsburgh, PA: Carnegie Press.
Baumeister, R. F., & Leary, M. R. (1995). The need to belong: Desired for interpersonal attachments as a functional human motivation. Psychological Bulletin, 117, 497–529.
バーグランド, ジェフ (2004). 日本から文化力: 異文化コミュニケーションのすすめ 現代書館
Berry, J. W. (1967). Independence and conformity in subsistence–level societies. Journal of Personality and Social Psychology, 7, 415–418.
Cacioppo, J. T., & Patrick, W. (2008). Loneliness: Human nature and the need for social connection. New York: W.W. Norton & Company. (カシオポ, J. T. & パトリックW. 柴田裕之(訳)(2010). 孤独の科学: 人はなぜ寂しくなるのか 河出書房新社)
Caggiano V, Fogassi L, Rizzolatti G, Thier P, & Casile A. (2009). Mirror neurons differentially encode the peripersonal and extrapersonal space of monkeys. Science, 324, 403–406.
Carpenter, J., & Seki, E. (2011). Do social preferences increase productivity? Field experimental evidence from fishermen in Toyama bay. Economic Inquiry, 49, 612-630.
Chartrand, T. L., & Bargh, J. A. (1999). The chameleon effect: The perception–behavior link and social interaction. Journal of Personality and Social Psychology, 76, 893–910.
Cohen, S., & Wills, T. A. (1985). Stress, social support, and the buffering hypothesis. Psychological Bulletin, 98, 310–357.
Coleman, J. S. (1990). Systems of trust and their dynamic properties. In J. S. Coleman (Ed.), Foundations of social theory (pp.175–196). Cambridge, MA: Harvard University Press.
Dumbar, R. (1996). Grooming, gossip, and the evolution of language. Cambridge, MA: Harvard University Press. (松浦俊輔・服部清美(訳)(1998). ことばの起源: 猿の毛づくろい、人のゴシップ 青土社)

Falk, C.F., Heine, S.J., Yuki, M., & Takemura, K.（2009）. Why do Westerners self－enhance more than East Asians? European Journal of Personality, 23, 183－203.

Festinger, L.（1957）. A theory of cognitive dissonance. Row: Peterson.（フェスティンガー，L. 末永俊郎（訳）（1965）. 認知的不協和の理論 誠信書房）

Fiedler, F. E.（1967）. A theory of leadership effectiveness. McGraw－Hill.（フィードラー，F.E. 山田雄一監（訳）（1970）. 新しい管理者像の探求 産業能率短期大学出版部）

Freedman, J. L., & Fraser, S. C.（1966）. Compliance without pressure: The foot－in－the－door technique. Journal of Personality and Social Psychology, 4, 195－202.

藤野日出海（2010）. 京都府における耕作放棄地対策としての和牛放牧の取り組み: レンタカウ制度と地域サポートカウ事業の内容 畜産コンサルタント, 46, 31－33.

藤田康樹（1995）. 21世紀への普及活動 農文協

藤田康樹（2010）. 農業普及指導論 東京農大出版会

福島慎太郎・吉川郷主・市田行信・西前出・小林愼太郎（2009）. 一般的信頼と地域内住民に対する信頼の主観的健康感に対する影響の比較 環境情報科学論文集, 23, 269－274.

福島慎太郎・吉川郷主・西前出（2012）. 居住範囲の近接性に応じた友人との接触と主観的健康感との関連: 個人レベル・地域レベル双方のソーシャル・キャピタル研究の統合を期して 環境情報科学, 40, 31－39.

福島慎太郎・吉川郷主・西前出・小林愼太郎（2012）. 京都府北部の農村地域を対象とした地域資源管理への参加に対する関連因子の分析: ボンディング型とブリッジング型のソーシャル・キャピタルに着目して 農村計画学会誌, 31, 84－93.

普及活動研究会（1990）. 普及活動研究会調査研究成果報告書

Goldberg, L. R.（1992）. The development of markers for the Big－Five factor structure. Journal of Personality and Social Psychology, 4, 26－46.

Granovetter, M. S.（1973）. The strength of weak ties. American Journal of Sociology, 78, 1360－1380.

Gutiérrez, N.L., Hilborn, R., & Defeo, O.（2011）. Leadership, social capital and incentives promote successful fisheries. Nature, 470, 386－389.

Hall, E, T.（1976）. Beyond culture. Garden City, New York : Anchor Press / Double Day.

原田春美・小西美智子・寺岡佐和・浦光博（2011）. 支援枠組みにおいて専門職が用いる人間関係形成方法とそのプロセス: 保健師による地域の仕組みづくりに焦点をあてて 実験社会心理学研究, 50, 168－181.

Hardin, G.（1968）. The tragedy of the commons: The population problem has no technical solutions; it requires a fundamental extension in morality. Science, 162, 1243－1248.

長谷川明彦 (1969). 農村社会の空間構造 明治大学社会科学研究所紀要, 7, 243-274.
Heine, S. J., & Lehman, D. R. (1997). Culture, dissonance, and self-affirmation. Personality and Social Psychology Bulletin, 23, 389-400.
Heine, S. J., Lehman, D. R., Markus, H. R., & Kitayama, S. (1999). Is there a universal need for positive self-regard? Psychological Review, 106, 766-794.
Hoshino-Browne, E., Zanna, A. S., Spencer, S. J., Zanna, M. P., Kitayama, S., & Lackenbauer, S. (2005). On the cultural guises of cognitive dissonance: The case of Easterners and Westerners. Journal of Personality and Social Psychology, 89, 294-310.
星野敏 (2008). 地域資源の保全とナレッジマネジメントの必要性 農業と経済, 7, 112-118.
兵庫県立農林水産技術総合センター (2012). 現場と試験研究・行政を結ぶ専門技術員 (http://www.hyogo-nourinsuisangc.jp/chuo/hukyu/4jyohou/sengi.pdf)[2012, July 26]
稲葉陽二・大守隆・近藤克則・宮田加久子・矢野聡・吉野諒三 (編) (2011). ソーシャル・キャピタルのフロンティア: その到達点と可能性 ミネルヴァ書房
Iyengar, S. S., & Lepper, M. R. (1999). Rethinking the value of choice: A cultural perspective on intrinsic motivation. Journal of Personality and Social Psychology, 76, 349-366.
神信人・山岸俊男 (1997). 社会的ジレンマにおける集団協力ヒューリスティクスの効果 社会心理学研究, 12, 190-198.
Kawachi, I., Kennedy, B. P., Lochner, K. and Prothrow-Stith, D. (1997). Social capital, income inequality, and mortality. American Journal of Public Health, 87, 1491-1498.
川俣茂 (1997). 増補 新普及指導活動論 社団法人全国農業改良普及協会
Kim, H. S., Sherman, D. K., Ko, D., & Taylor, S. E. (2006). Pursuit of comfort and pursuit of harmony: Culture, relationships, and social support seeking. Personality and Social Psychology Bulletin, 32, 1595-1607.
近畿ブロック普及活動研究会 (2009).「若手普及指導員の育成手法」に関する調査研究 平成20年度調査研究報告
近畿ブロック普及活動研究会 (2010).「普及指導員育成のためのOJTのあり方」に関する調査研究 平成21年度調査研究報告
北山忍 (1998). 自己と感情: 文化心理学による問いかけ 共立出版
Kitayama, S., Duffy, S., Kawamura, T., & Larsen, J. T. (2003). Perceiving an object and its context in different cultures: A cultural look at new look. Psychological Science, 14, 201-206.
Kitayama, S., Ishii, K., Imada, T., Takemura, K., & Ramaswamy, J. (2006). Voluntary settlement and the spirit of independence: Evidence from Japan's "Northern frontier". Journal of Personality and Social Psychology, 91, 369-384.

Kitayama, S., Snibbe, A., Markus, H. R., & Suzuki, T. (2004). Is there any "free" choice? Self and dissonance in two cultures Psychological Science, 15, 527-533.
Lakin, J., & Chartrand, T. L. (2003). Using nonconscious behavioral mimicry to create affiliation and rapport. Psychological Science, 14, 334-339.
Lepper, M. R., & Greene, D. (1978). Divergent approaches to the study of rewards. In M. R. Lepper & D. Greene (Eds.), The hidden costs of reward (pp. 217-244). Hillsdale, NJ: Erlbaum.
Lepper M. R., Greene, D., & Nisbett, R. E. (1973). Undermining children's intrinsic interest with extrinsic rewards: A test of the "overjustification" hypothesis. Journal of Personality and Social Psychology, 28, 129-137.
Markus, H. R., & Kitayama, S. (1991). Culture and the self: Implications for cognition, emotion, and motivation. Psychological Review, 98, 224-253.
増田貴彦 (2010). ボスだけを見る欧米人、みんなの顔まで見る日本人 講談社
松下京平・浅野耕太 (2007). 社会関係資本が効果的な用水管理に及ぼす影響: タイの灌漑農業を事例として 2007年度日本農業経済学会論文集, 482-489.
McGuire, W. J. (1964). Inducing resistance to persuasion: Some contemporary approaches. In L. Berkowits (Ed.), Advances in experimental social psychology, vol. 1 (pp. 191-229). New York: Academic Press.
三隅二不二 (1966). 新しいリーダーシップ: 集団指導の行動科学 ダイヤモンド社
宮本百合 (2012). 認知的文化差異の基盤に関する研究: 調整型・影響型対人関係の役割 こころの未来, 7, 43.
Miyamoto, Y. & Wilken, B. (2010). Culturally contingent situated cognition: Influencing others fosters analytic perception in the U.S. but not in Japan. Psychological Science, 21, 1616-1622.
森本秀樹 (2006). 新ここがポイント！集落営農:「つくるまで」と「つくってから」農文協
森本秀樹 (2009). ステップアップ集落営農: 法人化とむらの和を両立させる 農文協
長岡千賀 (2006). 対人コミュニケーションにおける非言語行動の2者相互影響に関する研究 対人社会心理学研究, 6, 101-112.
長岡千賀・吉川左紀子 (2012). カウンセリング対話における「聴き方」子安増生・杉本均(編)幸福感を紡ぐ人間関係と教育 ナカニシヤ出版 pp. 100-116.
内閣府国民生活局 (2003). ソーシャル・キャピタル: 豊かな人間関係と市民活動の好循環を求めて 国立印刷局
中原宗博 (2005). レンタカウシステム (放牧牛リース制度) の取り組み事例: 先進的な山口県柳井市とJA南すおうのケース 畜産コンサルタント, 41, 22-26.
中村省吾・星野敏・橋本禅・九鬼康彰 (2010). 集落組織の経験と特性が農地・水・環境保全向上対策の実施に及ぼす影響: 滋賀県「農村まるごと保全向上対策」実施42集落を対象とした調査をもとに 農村計画学会誌, 28, 381-386.
中村省吾・星野敏・中塚雅也 (2009). 地域づくり活動展開におけるソーシャル・キャ

ピタルの影響分析: 兵庫県神河町を事例として 農村計画学会誌, 27, 311‒316.
農村におけるソーシャル・キャピタル研究会・農林水産省農村振興局（2007）. 農村のソーシャル・キャピタル：豊かな人間関係の維持・再生に向けて
　（http://www.maff.go.jp/j/nousin/noukei/socialcapital/report.html）［2012, July 7］
農林水産省(2012a). 普及事業とは
　（http://www.maff.go.jp/j/seisan/gizyutu/hukyu/h_about/index.html）［2012, July 7］
農林水産省（2012b）. 集落営農の組織化・法人化
　（http://www.maff.go.jp/j/ninaite/n_syuraku/index.html）［2012, July 7］
農林水産省（2012c）. 集落営農実態調査結果の概要
　（http://www.maff.go.jp/j/tokei/kouhyou/einou/pdf/syuraku_12.pdf）［2012, July 7］
農林水産省生産局農産振興課技術対策室（2007）. 野生鳥獣被害防止マニュアル: 実践編
　（http://www.maff.go.jp/j/seisan/tyozyu/higai/h_manual/h19_03/pdf/jissen-zentai.pdf）［2012, July 7］
Nowak, M. A., & Sigmund, K., (1998). Evolution of indirect reciprocity by image scoring. Nature, 393, 573–577.
Oishi, S., Lun, J., & Sherman, G. D. (2007). Residential mobility, self‒concept, and positive affect in social interactions. Journal of Personality and Social Psychology, 93, 131‒141.
太田美帆（2004）. 生活改良普及員に学ぶファシリテーターのあり方: 戦後日本の経験からの教訓　国際協力機構　国際協力総合研修所
Petty, R. E., & Cacioppo, J. T. (1986). Communication and persuasion: Central and peripheral routes to attitude change. New York: Springer/Verlag.
Putnam, R.D. (2000). Bowling alone: The collapse and revival of American community. New York: Simon & Schuster.（パットナム, R. 柴内康文（訳）(2006). 孤独なボウリング: 米国コミュニティの崩壊と再生　柏書房）
Rule, N. O., Ambady, N., Adams, R. B., Jr., Ozono, H., Nakashima, S., Yoshikawa, S., & Watabe, M. (2010). Polling the face: Prediction and consensus across cultures. Journal of Personality and Social Psychology, 98, 1‒15.
劉鶴烈（2003）. 山間集落における活性化要因に関する考察: 住民の意識と行動の視点から　農村計画論文集, 5, 181‒186.
劉鶴烈・千賀祐太朗（2004）. 山間地域における住民活力の評価に関する考察　農村計画論文集, 6, 193‒198.
佐藤友美子・土井勉・平塚伸治（2011）. つながりのコミュニティ：人と地域が「生きる」かたち　岩波書店
Schelling, T. C. (1960). The strategy of conflict. London: Oxford University Press.
Sherif, M., Harvey, O. J., White, B. J., Hood, W. R., & Sherif, C. W. (1961).

参考・引用文献一覧

Intergroup conflict and cooperation: The Robbers Cave experiment. Norman: Institute of Group Relations, University of Oklahoma.
Schug, J., Yuki, M., & Maddux, W. (2010). Relational mobility explains between − and within − culture differences in self − disclosure to close friends. Psychological Science, 21, 1471 − 1478.
Snyder, M., Tanke, E. D., Berscheid, E. (1977). Social perception and interpersonal behavior: On the self − fulfilling nature of social stereotypes. Journal of Personality and Social Psychology, 35, 656 − 666.
Spencer, S. J., Steele, C. M., & Quinn, D. M. (1999). Stereotpe threat and women's math performance. Journal of Experimental Social Psychology, 35, 4 − 28.
Subramanian, S.V., Kawachi, I. & Kennedy, B. P. (2001). Does the state you live in make a difference? Multilevel analysis of self − rated health in the US. Social Science and Medicine, 53, 9 − 19.
Tajfel, H., Billing, M., Bundy, R., & Flament, C. (1971). Social categorization in intergroup behavior. European Journal of Social Psychology, 1, 149 − 178.
高橋修（編著）・橋本康範・伊藤和也・進藤陽一郎・山口敦史（2010）. アフガン農業支援奮闘記 石風社
竹村幸祐・有本裕美（2008）.「北の大地」における相互独立的自己: 北海道での認知的不協和実験 実験社会心理学研究, 48, 40 − 49.
Takemura, K., Yuki, M., & Ohtsubo, Y. (2010). Attending inside or outside: A Japanese − US comparison of spontaneous memory of group information. Asian Journal of Social Psychology, 13, 303 − 307.
Taylor, S. E., Sherman, D. K., Kim, H. S., Jarcho, J. Takagi. K., & Dunagan, M. S. (2002). Culture and social support: Who seeks it and why? Journal of Personality and Social Psychology, 87, 354 − 362.
筒井孝子（2005）. 地域保健サービスの担当職員における連携評価指標開発に関する統計的研究　厚生労働科学研究費補助金（健康科学総合研究事業）平成16年度研究報告書
（http://www.niph.go.jp/soshiki/04toukatsu/pdf/hokenshi_16.pdf）[2012, July 7]
内田由紀子（2006）. わたしの文化を超えて. 金政祐司・石盛真徳（編）わたしから社会へ広がる心理学, pp.200 〜 222. 北樹出版
内田由紀子（2009）. ソーシャル・ネットワークの機能: グループ内の「思いやり」の性質 こころの未来, 3, 12 − 13.
内田由紀子・ダフィー ショーン・北山忍 （2007）. 描画に表れる自己と他者の認知：日米比較研究 日本認知心理学会第 5 回大会 京都大学　2007.5
内田由紀子・遠藤由美・柴内康文（2012）. 人間関係のスタイルと幸福感：つきあいの数と質からの検討. 実験社会心理学研究, 52, 63 − 75.
内田由紀子・北山忍 （2001）. 思いやり尺度の作成と妥当性の検討　心理学研究, 72, 275 − 282.

Uchida, Y., Kitayama, S., Mesquita, B., Reyes, J. A. S., & Morling, B. (2008). Is Perceived emotional support beneficial? Well－being and health in independent and interdependent cultures. Personality and Social Psychology Bulletin, 34, 741－754.

Uchino, B. N., Cacioppo, J. T., & Kiecolt－Glaser, J. K. (1996). The relationship between social support and physiological processes: A review with emphasis on underlying mechanisms and implications for health. Psychological Bulletin, 119, 488－531.

上田栄一（1994）.みんなで楽しく集落営農 サンライズ印刷

Üskül, A. K., Kitayama, S., & Nisbett, R. E. (2008). Ecocultural basis of cognition: Farmers and fishermen are more holistic than herders. Proceedings of the National Academy of Sciences of the United States of America, 105, 8552－8556.

山端直人（2010）.集落ぐるみのサル追い払いによる農作物被害軽減効果 農村計画学会誌, 28, 273－278.

山岸俊男（1990）.社会的ジレンマのしくみ:「自分１人ぐらいの心理」が招くもの サイエンス社

Yamagishi, T., & Yamagishi, M. (1994). Trust and commitment in the United States and Japan. Motivation and Emotion, 18, 129－166.

山口県柳井市（2012）.レンタカウによる農地保全システム（http://www.city－yanai.jp/soshiki/14/hoboku.html）[2012, July 7]

山口創・中塚雅也・星野敏（2007）.農村集落の社会特性と定住に関する実証的分析: 兵庫県篠山市を事例として 農村計画学会誌, 26, 287－292.

吉田能久（2005）.中山間地域の自然条件を活かした「おおいた型放牧」の推進について 牧草と園芸, 53, 5－8.

Yuki, M. & Schug, J. (2012). Relational mobility: A socio－ecological approach to personal relationships. In O. Gillath, G.E. Adams, & A.D. Kunkel (Eds.), Relationship science: Integrating evolutionary, neuroscience, and sociocultural approaches (pp. 137－152). Washington D.C.: American Psychological Association.

Yuki, M., Schug, J.R., Horikawa, H., Takemura, K., Sato, K., Yokota, K., & Kamaya, K. (2007). Development of a scale to measure perceptions of relational mobility in society. CERSS Working Paper Series No. 75.

Zajonc, R. B. (1968). The attitudinal effects of mere exposure. Journal of Personality and Social Psychology, 9, 1－27.

全国農業改良普及支援協会（2009）.普及指導員とは
（http://www.jadea.org/fukyujigyou/shidouin.html）[2012, July 7]

全国農業改良普及協会（1992）.進めよう自己研修・職場研修 社団法人全国農業改良普及協会普及情報センター

◆さくいん（五十音順）

あ

アッシュ ,S 35、36
暗黙知 23、65、120
思いやり 138
オン・ザ・ジョブ・トレーニング（OJT） 76、121

か

外発的動機づけ 150
学習性無力感 152
関係機関との連携調整 80
関係志向性 14、40、42、151
間接互恵性 19
北山忍 15
凝集性 20
共同体意識 160
共有地の悲劇 30
傾聴 142
結合型 80
公共財問題 29
高コンテクスト 142
幸福感 156
コーディネート機能 58、80
コールマン, J 52
コスト 116
コミットメント 21、129

さ

ザイアンス, R 144、145
自己開示 139
自己ステレオタイプ 123
視点取得（パースペクティブ・テイキング） 138、139
社会関係の流動性 12
社会関係資本（ソーシャル・キャピタル） 20、44
社会的アイデンティティー理論 156
社会的ジレンマ 30
社会脳仮説 18
集団の凝集性 155
集団間の葛藤 155
集落営農 59
周辺的手がかり 147
受信者責任型 142
情緒的サポート 157
情熱 128
所属欲求 17
信頼 34
ステレオタイプ 123
ステレオタイプの脅威 123
スペシャリスト機能 58、80
生産技術の紹介 80
精緻化見込みモデル 146
接種理論 146
説得 146

179

選択　148
選択の正当化　149
相互協調的自己観　15
相互独立的自己観　15
ソーシャル・キャピタル　20、44
ソーシャル・サポート　19
ソシオグラム　11

た

態度変化　146
他者志向性　14、40、42,　128
他者の目　149
単純接触効果　144
ダンバー,R　18
中心的手がかり　147
鳥獣害対策　43
つながりの連鎖　130
手続き的知識　119
動機づけ　150
同調行動　35

な

内集団ひいき　155
内発的動機づけ　150
認知的不協和　148
農業者同士の連携　80

は

パースペクティブ・テイキング　138
パーソナル・キャピタル　132
ハーディン,G　30、31、32
バウマイスター,R　17
橋渡し型　80

パットナム,R　20、44
PM理論　153
フェスティンガー,L　148
不協和の低減　149
フット・イン・ザ・ドア法　147
文化心理学　12
ベリー,J　38

ま

マーカス,H　15
ミミッキング　143
ミラーニューロン　143
ミラーリング　143

や

山岸俊男　156
予言の自己成就　124

ら

類似性　143
連携活動　129
連携活動能力　89
連携調整　117
レンタカウ　62
ロールプレイング　139

著者プロフィール

●内田由紀子（うちだ　ゆきこ）
　1975年、兵庫県生まれ。1998年、京都大学教育学部卒業。2003年、京都大学大学院人間・環境学研究科博士課程修了（博士：人間・環境学）。日本学術振興会特別研究員PD、ミシガン大学客員研究員、スタンフォード大学客員研究員、甲子園大学専任講師などを経て、現在、京都大学こころの未来研究センター准教授。

●竹村幸祐（たけむら　こうすけ）
　1979年、京都府生まれ。2002年、北海道大学文学部卒業。北海道大学大学院文学研究科博士課程修了（博士：文学）。ブリティッシュコロンビア大学ポスドク研究員、京都大学こころの未来研究センター研究員などを経て、現在、京都大学経営管理大学院助教。

農をつなぐ仕事〜普及指導員とコミュニティへの社会心理学的アプローチ〜

2012年11月19日　第1刷発行

著　　者──内田由紀子　竹村幸祐
発　行　者──相場博也
発　行　所──株式会社 創森社
　　　　　　〒162-0805 東京都新宿区矢来町96-4
　　　　　　TEL 03-5228-2270　FAX 03-5228-2410
　　　　　　http://www.soshinsha-pub.com
　　　　　　振替00160-7-770406
組　　版──有限会社 天龍社
印刷製本──中央精版印刷株式会社

落丁・乱丁本はおとりかえします。定価は表紙カバーに表示してあります。
本書の一部あるいは全部を無断で複写、複製することは、法律で定められた場合を除き、著作権および出版社の権利の侵害となります。
©Yukiko Uchida, Kosuke Takemura　2012　Printed in Japan　ISBN978-4-88340-274-8 C0061

〝食・農・環境・社会〟の本

創森社　〒162-0805 東京都新宿区矢来町 96-4
TEL 03-5228-2270　FAX 03-5228-2410
http://www.soshinsha-pub.com
＊定価(本体価格＋税)は変わる場合があります

農的小日本主義の勧め　篠原孝著　四六判288頁1835円

ミミズと土と有機農業　中村好男著　A5判128頁1680円

身土不二の探究　山下惣一著　四六判240頁2100円

炭やき教本 〜簡単窯から本格窯まで〜　恩方一村逸品研究所編　A5判176頁2100円

ブルーベリークッキング　日本ブルーベリー協会編　A5判164頁1600円

家庭果樹ブルーベリー 〜育て方・楽しみ方〜　日本ブルーベリー協会編　A5判148頁1500円

有機農業の力　星寛治著　四六判240頁2100円

エゴマ 〜つくり方・生かし方〜　日本エゴマの会編　A5判132頁1680円

農的循環社会への道　篠原孝著　四六判328頁2100円

炭焼紀行　三宅岳著　A5判224頁2940円

農村から　丹野清志著　A5判336頁3000円

台所と農業をつなぐ　大野和興編・山形県長井市・レインボープラン推進協議会編　A5判272頁2000円

雑穀が未来をつくる　国際雑穀食フォーラム編　A5判280頁2100円

一汁二菜　境野米子著　A5判128頁1500円

柿崎ヤス子著　百樹の森で　四六判224頁1500円

病と闘う食事　境野米子著　A5判224頁1800円

すぐにできるオイル缶炭やき術　鈴木重男著　A5判112頁1300円

ワインとミルクで地域おこし 〜岩手県葛巻町の挑戦〜　溝口秀士著　A5判176頁2000円

土の文学への招待　南雲道雄著　四六判240頁1890円

立ち飲み酒　立ち飲み研究会編　A5判352頁1890円

熊と向き合う　栗栖浩司著　A5判160頁2000円

薪割り礼讃　深澤光著　A5判216頁2500円

スプラウトレシピ 〜発芽を食べる育てる〜　片岡芙佐子著　A5判96頁1365円

豆腐屋さんの豆腐料理　山本久仁佳・山本成子著　A5判96頁1365円

つくって楽しむ炭アート　斎藤茂太著　B5変型判80頁1575円

納豆主義の生き方　道祖土靖平著　A5判96頁1575円

焚き火大全　吉長成恭・関根秀樹・中川重年編　A5判356頁2940円

ブルーベリー百科Q&A　日本ブルーベリー協会編　A5判228頁2000円

市民農園のすすめ　千葉県市民農園協会編著　A5判156頁1680円

菜の花エコ革命　藤井絢子・菜の花プロジェクトネットワーク編著　四六判272頁1680円

手づくりジャム・ジュース・デザート　井上節子著　A5判220頁2100円

竹の魅力と活用　内村悦三編　A5判96頁1365円

農家のためのインターネット活用術　まちむら交流きこう編　A5判128頁1400円

実践事例 園芸福祉をはじめる　日本園芸福祉普及協会編　A5判236頁2000円

薪のある暮らし方　深澤光著　A5判208頁2310円

不耕起でよみがえる　岩澤信夫著　A5判276頁2310円

雑穀つぶつぶスイート　木幡恵著　A5判112頁1470円

豆屋さんの豆料理　長谷部美野子著　A5判112頁1365円

東京下町　小泉信一著　四六判288頁1575円

農のモノサシ　山下惣一著　四六判256頁1680円

手づくり石窯BOOK　中川重年編　A5判152頁1575円

玄米食 完全マニュアル　境野米子著　A5判96頁1400円

〝食・農・環境・社会〟の本

創森社　〒162-0805 東京都新宿区矢来町 96-4
TEL 03-5228-2270　FAX 03-5228-2410
＊定価(本体価格＋税)は変わる場合があります

http://www.soshinsha-pub.com

虫見板で豊かな田んぼへ
宇根 豊 著　A5判180頁1470円

体にやさしい麻の実料理
赤星栄志・水間礼子 著　A5判96頁1470円

虫を食べる文化誌
梅谷献二 著　四六判324頁2520円

すぐにできるドラム缶炭やき術
杉浦銀治・広若剛士 監修　A5判132頁1365円

竹炭・竹酢液 つくり方生かし方
杉浦銀治ほか 監修　A5判244頁1890円
編　日本竹炭竹酢液生産者協議会

森の贈りもの
柿崎ヤス子 著　四六判248頁1500円

竹垣デザイン実例集
古河 功 著　A4変型判160頁3990円

タケ・ササ図鑑 〜種類・特徴・用途〜
内村悦三 著　B6判224頁2520円

毎日おいしい 無発酵の雑穀パン
木幡恵 著　A5判112頁1470円

星かげ凍るとも 〜農協運動あすへの証言〜
島内義行 編著　四六判312頁2310円

里山保全の法制度・政策 〜循環型の社会システムをめざして〜
関東弁護士会連合会 編著　B5判552頁5880円

自然農への道
川口由一 編著　A5判228頁2000円

素肌にやさしい手づくり化粧品
境野米子 著　A5判128頁1680円

土の生きものと農業
中村好男 著　A5判108頁1680円

ブルーベリー全書 〜品種・栽培・利用加工〜
編　日本ブルーベリー協会　A5判416頁3000円

おいしい にんにく料理
佐野房 著　A5判96頁1365円

竹・笹のある庭 〜観賞と植栽〜
柴田昌三 著　A4変型判160頁3990円

自然産業の世紀
アミタ持続可能経済研究所 著　A5判216頁1890円

木と森にかかわる仕事
大成浩市 著　四六判208頁1470円

薪割り紀行
深澤光 著　A5判208頁2310円

協同組合入門 〜その仕組み・取り組み〜
河野直践 編著　四六判240頁1470円

園芸福祉 実践の現場から
編　日本園芸福祉普及協会　B5変型判240頁2730円

自然栽培ひとすじに
木村秋則 著　A5判164頁1680円

紀州備長炭の技と心
玉井又次 著　A5判212頁2100円

一人ひとりのマスコミ
小中陽太郎 著　四六判320頁1890円

育てて楽しむ ブルーベリー12か月
玉田孝人・福田俊 著　A5判96頁1365円

炭・木竹酢液の用語事典
谷田貝光克 監修　木質炭化学会 編　A5判384頁4200円

園芸福祉入門
編　日本園芸福祉普及協会　A5判228頁1600円

全記録 炭鉱
鎌田慧 著　A5判368頁1890円

食べ方で地球が変わる 〜フードマイレージと食・農・環境〜
山下惣一・鈴木宣弘・中田哲也 編著　A5判152頁1680円

虫と人と本と
小西正泰 著　四六判524頁3570円

割り箸が地域と地球を救う
佐藤敬一・鹿住貴之 著　A5判96頁1050円

森の愉しみ
柿崎ヤス子 著　四六判208頁1500円

園芸福祉 地域の活動から
編　日本園芸福祉普及協会　B5変型判184頁2730円

緑のカーテンの育て方・楽しみ方
緑のカーテン応援団 編著　A5判84頁1050円

ほどほどに食っていける田舎暮らし術
今関知良 著　四六判224頁1470円

山里の食べもの誌
杉浦孝蔵 著　四六判292頁2100円

育てて楽しむ 雑穀 栽培・加工・利用
郷田和夫 著　A5判120頁1470円

オーガニック・ガーデンのすすめ
曳地トシ・曳地義治 著　A5判96頁1470円

育てて楽しむ ユズ・柑橘 栽培・利用加工
音井格 著　A5判96頁1470円

〝食・農・環境・社会〟の本

創森社　〒162-0805 東京都新宿区矢来町 96-4
TEL 03-5228-2270　FAX 03-5228-2410
http://www.soshinsha-pub.com
＊定価（本体価格＋税）は変わる場合があります

バイオ燃料と食・農・環境　加藤信夫 著　A5判 256頁 2625円

田んぼの営みと恵み　稲垣栄洋 著　A5判 140頁 1470円

石窯づくり 早わかり　須藤章 著　A5判 108頁 1470円

ブドウの根域制限栽培　今井俊治 著　B5判 80頁 2520円

飼料用米の栽培・利用　小沢亙・吉田宣夫 編　A5判 136頁 1890円

農に人あり志あり　岸康彦 編　A5判 344頁 2310円

現代に生かす竹資源　内村悦三 監修　A5判 220頁 2100円

人間復権の食・農・協同　河野直践 著　A5判 304頁 1890円

反冤罪　鎌田慧 著　A5判 280頁 1680円

薪暮らしの愉しみ　深澤光 著　四六判 228頁 2310円

農と自然の復興　宇根豊 著　四六判 304頁 1680円

田んぼの生きもの誌　稲垣栄洋 著 楢喜八 絵　A5判 236頁 1680円

はじめよう！自然農業　趙漢珪 監修 姫野祐子 編　A5判 268頁 1890円

農の技術を拓く　西尾敏彦 著　四六判 288頁 1680円

東京シルエット　成田一徹 著　四六判 264頁 1680円

玉子と土といのちと　菅野芳秀 著　四六判 220頁 1575円

生きもの豊かな自然耕　岩澤信夫 著　四六判 212頁 1575円

里山復権 能登からの発信　中村浩二・嘉田良平 編　A5判 228頁 1890円

自然農の野菜づくり　川口由一 監修 高橋浩昭 著　A5判 236頁 2000円

農産物直売所が農業・農村を救う　田中満 編　A5判 152頁 1680円

菜の花エコ事典 〜ナタネの育て方・生かし方〜　藤井絢子 編著　A5判 196頁 1680円

ブルーベリーの観察と育て方　玉田孝人・福田俊 著　A5判 120頁 1470円

パーマカルチャー 〜自給自立の農的暮らしに〜　パーマカルチャー・センター・ジャパン 編　B5変型判 280頁 2730円

巣箱づくりから自然保護へ　飯田知彦 著　A5判 276頁 1890円

東京スケッチブック　小泉信一 著　四六判 272頁 1575円

農産物直売所の繁盛指南　駒谷行雄 著　A5判 208頁 1680円

病と闘うジュース　境野米子 監修　A5判 88頁 1260円

農家レストランの繁盛指南　高桑隆 著　A5判 200頁 1890円

チェルノブイリの菜の花畑から　河田昌東・藤井絢子 編著　四六判 272頁 1680円

ミミズのはたらき　中村好男 編著　A5判 144頁 1680円

里山創生 〜神奈川・横浜の挑戦〜　佐土原聡 他編　A5判 260頁 2000円

移動できて使いやすい 薪窯づくり指南　深澤光 編著　A5判 148頁 1575円

固定種野菜の種と育て方　野口勲・関野幸生 著　A5判 220頁 1890円

まだ知らされていない壊国TPP　日本農業新聞取材班 著　A4判 104頁 1500円

原発廃止で世代責任を果たす　佐々木輝雄 著　A5判 224頁 1470円

竹資源の植物誌　内村悦三 著　四六判 320頁 1680円

市民皆農 〜食と農のこれまで・これから〜　山下惣一・中島正 著　四六判 280頁 1680円

［食］から見直す日本　篠原孝 著　A5判 244頁 2100円

さようなら原発の決意　鎌田慧 著　四六判 304頁 1470円

自然農の果物づくり　川口由一 監修 三井和夫 他著　A5判 204頁 2000円

農をつなぐ仕事　内田由紀子・竹村幸祐 著　A5判 184頁 1890円